7堂課，讓業餘烘焙愛好者變成達人

我在家做的專業甜點

請問，
這是哪一家店
賣的甜點？

瑞昇文化

C O N T E N T S

有關材料

* 砂糖使用精白糖．細砂糖。如果指定「糖粉」、「細砂糖」，就依照指示使用。
* 蛋使用中型～大型。基準是蛋黃20g、蛋白30g。
* 鮮奶油使用動物性乳脂肪成分35%或36%。
* 擀麵團時所撒的麵粉，高筋麵粉比較適合，但如果沒有，低筋麵粉也可以。

有關用具

* 請使用符合份量的容器（盆或碗）、打蛋器。如果份量太少而使用太大的器具，有時會使蛋白或鮮奶油無法順利打發。
* 烤箱請事先加熱到指定的溫度。
* 烘焙的時間、溫度依自家的烤箱而有若干差異，因此請酌量調節。

有關 ABC

* 在各個糕點頁所記入的「ABC」，是表示作法的難易度。依A→B→C的順序提高難度。

Column

是否可以製作出被顧客詢問
是在哪家店購買的程度？

製作專業級糕點有捷徑

最終目標在烘烤成金黃色金融家蛋糕，加上份量充足的巧克力做成濃郁巧克力蛋糕……。

已經烤透的樸素糕點，有令人感到讚嘆與濃郁的美味。耐久放又容易當做伴手禮，用簡單的材料輕鬆烘焙的糕點，大家都喜歡親手製作，也都很愛吃。

但在家庭小型廚房烘焙各種糕點的各位，是否對簡單烘焙感到意猶未盡呢？做出來的總是業餘的風味，當做伴手禮又覺得太寒酸。蛋糕店為什麼能做出那麼漂亮又美味的糕點呢？

有這種想法的人，只要稍微下一點工夫，就能做出能當做伴手禮送人、有「專業店家水準」的糕點。

在糕餅店專門負責看守烤箱的師傅，都是交給經驗豐富的老手，因此可說是非常重要的職務。只需改變大小或形狀或烘焙的深淺程度，就會出現不一樣的成品，能明顯呈現出製作者的風格、深具內涵的糕點。磨練出這種風格需要長年的經驗，但現在我們不妨來摸索一些捷徑看看！

本書介紹使用精挑細選的素材或現代風格的模具，以一些秘訣就能使原本平凡無奇的糕點升級的技巧。另也有改變模具或組合，就能烤出自己喜愛味道的簡單調配種類。

從適合新手的薩布雷，到組合霜飾或奶油餡的適合老手的種類，應有盡有。也介紹能提升美味的包裝創意，因此請務必做為參考。

來吧，今天起就從業餘烘烤畢業。向即使是挑嘴的甜點迷也必定會問「你在哪一家店買的？」，有專業味道的「達人級糕點」挑戰看看。

必須先了解美味的烘焙程度

運用五感 來確認已烘烤完成

烘烤糕點最重要的就是麵料的烘焙程度！即使依照指定的溫度與時間來烘烤，但是因為烤箱機種的差異，未必能烤到適當的程度。有的烤箱上火強，有的烤箱火力弱，甚至有僅在前面出現烤色的烤箱……。因此必須掌握自己烤箱的特性，加以配合來適度調節。是否確實烤透、全體是否出現烤色、是否酥脆芳香、是否是想要的濕潤……。確實想像糕點的烘焙狀況，熟練以後就能隨心所欲的烘焙。

最後的檢查是運用五感。與其一昧依賴時間或溫度的數據，不如自己認清楚所謂的「美味！」、觸摸時的觸感及香味。

1 觀看 從烤色、狀態來判斷

最初容易了解的還是「外觀」。檢查烤色的濃淡、麵料的質感、烤後收縮。
即使不戳洞、不切開，一但熟悉後只要憑「外觀」就能充分判斷出來。

從表面的烤色來確認

確實出現「美味」烤色是首要條件。塔餅或餅乾等也可以觀看裡面的烤色來確認。

確實出現烤色的蛋糕體。
這是不易烤透的麵糊，但這個連裂痕都出現烤色。看起來就很美味！

烘烤不足的狀態。烤色淡，裂痕沒有烤色。再稍微烤一下較好。

烘烤到這種程度就是烤過頭。焦色強，表面的味道變苦，乾燥而有鬆散的口感。可能是烤箱的火太強所致（參照7頁）。

從斷面的烤色來確認

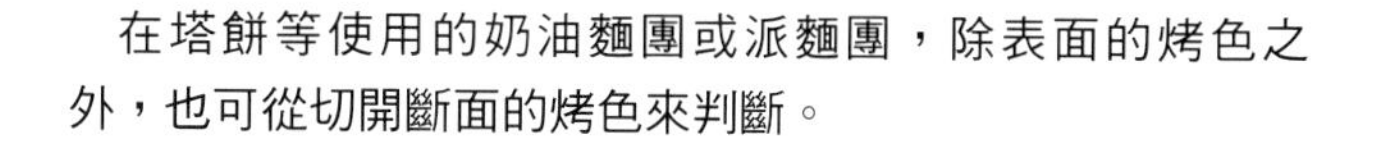

在塔餅等使用的奶油麵團或派麵團，除表面的烤色之外，也可從切開斷面的烤色來判斷。

連奶油麵糊之中都有烤色。這是確實烤透的證據。

如果顏色太淡，就會殘留粉味、生味。

連內層都有烤色，能品嚐到派酥脆芳香的風味與口感。

烘烤不足時鬆軟而不會出現美味。

從「烤後收縮」來檢查

通常烘烤麵料時，在出現烤色之前會先膨脹到最大限度，然後才開始上色。接著邊緣從模具剝離，膨脹的高度稍稍下降，這就是「烤後收縮」。出現這種收縮就表示烘烤完成。如果再繼續烤下去，就會更收縮而變乾。

蛋糕麵糊也從矽膠模具自然剝落。從烤箱取出後又稍微收縮，因此能從模具輕易取出。

塔餅麵團與模具之間形成縫隙。確實出現烤色，這就表示烤好。

2 用手觸摸　確認彈性

如果僅從外觀無法判斷，就用手觸摸來判斷烘焙的程度。

徹底烘焙的麵糊，連粉也烤透，帶有充分的彈性。中央最不易烤透，因此用手指「輕輕」按壓中心部位來確認彈性。如果鬆軟就再稍微烤一下。在此階段如果已經充分出現烤色，就降低烤箱的溫度10～20℃再烤一下。

如果這樣仍看不出來，就以傳統的作法「用竹籤插入中心，沒有沾上任何麵糊就表示烤好了」來試試看。但因這樣會形成空洞不美觀，因此請在不明顯處戳洞。

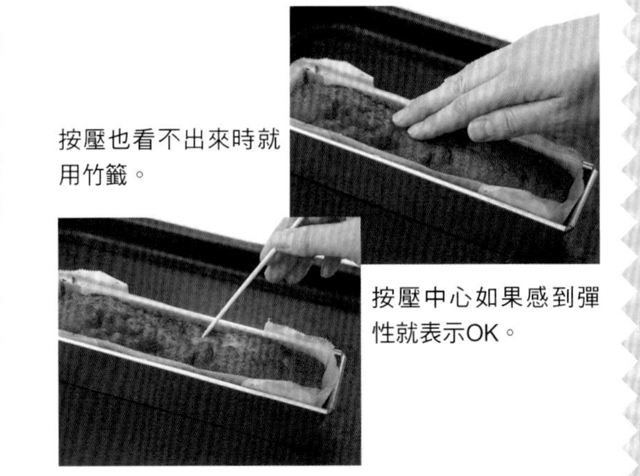

按壓也看不出來時就用竹籤。

按壓中心如果感到彈性就表示OK。

3 聞聞看　確認香氣

烤糕點時，從烤箱裡面會逐漸飄散出美味的香氣。這正是烘烤好了的證據。因確實出現烤色而發出香氣。請勿忽略這個訊息。不要烘烤過頭而出現焦臭味。

烘烤得不盡理想時有何對策？

蛋糕麵糊的表面烤焦！

烤箱的溫度太高

像蛋糕麵糊一樣富含充分奶油的厚重麵糊不易烤透，尤其使用粗又大的模具烘焙時很花時間。如果溫度太高，就會變得僅表面烤焦、裡面卻很難烤透。

這種情形就把烤箱的溫度設定稍低，多花一點時間烤久一點。如果表面的顏色已足夠，卻還沒有烤透，就覆蓋鋁箔紙來烤。建議儘量使用容易烤透的小型模具，或是開洞的蛋糕模具、圓圈模具。

餅乾的麵糊鬆軟！

烤箱的火太弱

雖然餅乾麵糊的形狀擠得很漂亮，但烘焙後卻變得鬆軟變形……。這是烤箱的溫度太低，使麵糊的奶油部份流出所致。通常需用高溫烘焙的派麵糊也一樣，如果溫度太低就無法形成整齊漂亮的層次，或是不膨脹變得很硬。此時就把烤箱的溫度提高10～20℃看看。

烤色不均勻！

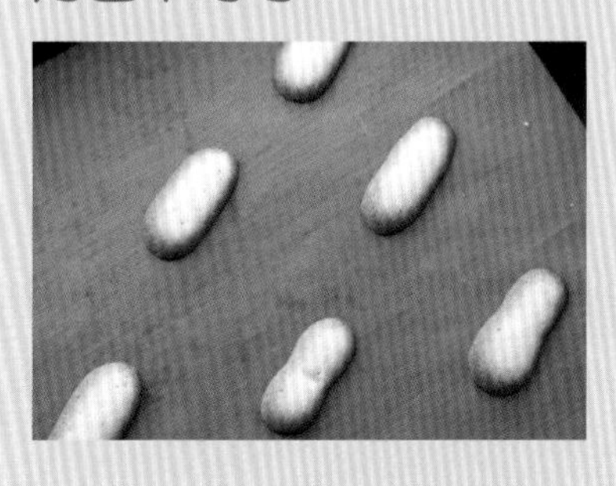

烤箱的火力不平均。烤8分熟就翻轉

依烤箱的機種，或多或少會溫度不均勻，有的僅前面出現烤色，有的僅後面出現烤色。如果要使全體均勻出現烤色，烘烤8分熟時就把烤盤前後對調。這種「8分熟左右」很重要，一開始出現烤色就立即調換。

但如果太早調換太多次就失去意義，反而會使烤箱的熱度散失，麵糊的膨脹狀態變差。

塔餅的中心不易烤透！

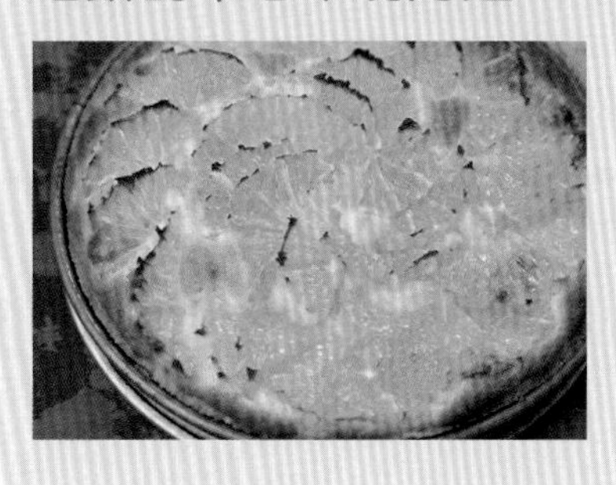

頂飾的水份太多

填入塔餅的杏仁奶油比較不易烤透，如果放上水份多的水果也很難烤透。用紙充份吸乾水果的水份，且不要重疊放置。

烘焙有水份的水果時，使用較矮（薄）的塔餅模具、小型的餡餅模具，也是容易烤透的方法之一。

從單純的烘烤畢業！
美味裝飾、最後修飾的技巧

糕點屋的烤糕點看起來漂亮的秘密在於「最後裝飾」。因此只要在最後多下一點工夫，活用烤色，把裝飾也當作味道之一，就能真正提升美味。

如果希望呈現手工感、樸素感，最好活用烤色，當作伴手禮用時就會想到「稍微漂亮一點」。以下介紹幾種比平時稍為提升水準的技巧。

以（杏桃果醬）來呈現光澤

主要在蛋糕或塔餅塗抹果醬來呈現光澤。

果醬使用篩過的，加入少量蒸發份程度的水加熱，在溶化時用毛刷塗滿糕點的表面。具有適當酸味與透明感的杏桃果醬，能為糕點添加風味，是容易搭配任何糕點的果醬。

重點在於加熱溶化時不要加太多水。果醬變得稀軟，立即溶化而被糕點吸收。

此外，趁糕點剛烤好時，用毛刷塗上薄薄一層熱果醬。如果重疊塗抹就會變厚而形成痕跡，只有甜味卻不能漂亮修飾完成。

蛋糕、餅乾的表面，或頂飾的接著等，塗上杏桃果醬後在烤箱加熱2～3分鐘烘乾，放涼後果醬就會牢牢凝固在上面。

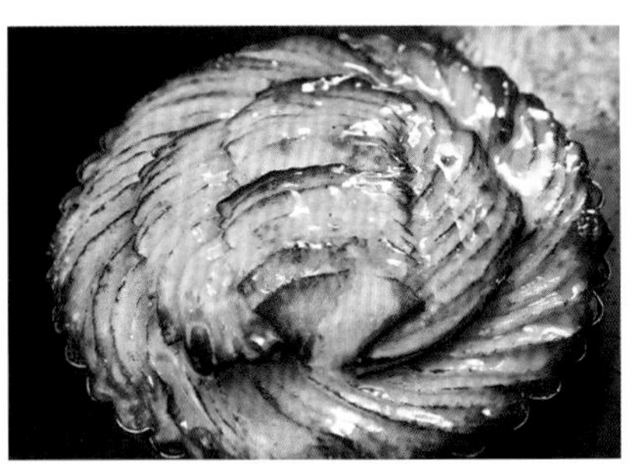

把確實烘烤好的塔餅修飾得有光澤。如果在水果塗上杏桃果醬，過一段時間會滲出水份，因此光澤只能保持1天左右。最後修飾完成後請趁早品嚐。

冷卻後會變硬，因此趁熱迅速使用。

把毛刷躺平迅速薄薄塗抹。注意不要塗太厚。

在無花果使用相配的含黑醋栗果醬的杏桃果醬。紫色的光澤很美。

依糕點的種類，搭配素材的顏色或風味，在篩過的杏桃果醬中混合一半樹莓甜露酒或黑醋栗果醬來使用。

以（裝飾糖粉）形成白雪般的妝扮

把最後修飾專用的糖粉用篩子或濾茶器撒上，像覆蓋美麗白雪般的完成修飾。

此外，撒在剛烤好的餅乾上，修飾成白色的同時，也添加甜味。

由於是使用有添加油脂的裝飾糖粉，因此灑上後不會立即在糕點上融化，也不容易入口即化，同時還可抑制甜度。

注意不要因熱而溶化，等徹底冷卻後再撒。

〔使用撒罐〕

把撒罐靠近，僅在塔餅邊緣撒上，就能突顯出白色清晰的輪廓。

使用出口為細網目狀的撒罐就很方便。如果沒有，用濾茶器也可以。

〔使用濾茶器〕

整個變成薄薄一層白雪妝扮。從稍高處撒下就能全體漂亮撒上。

如果想撒在全體，使用濾茶器就足夠。舀起適量，用一手的指尖輕敲來撒。

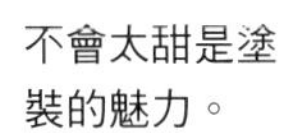

不會太甜是塗裝的魅力。

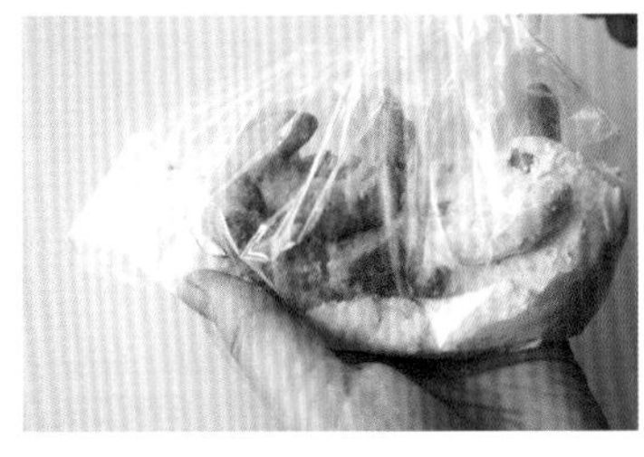

〔使用塑膠袋來沾滿〕

在裝入適量糖粉的塑膠袋使餅乾沾滿。注意不要裝入太多餅乾。

以（開心果）增添新鮮的綠色

在堅果中擁有最漂亮綠色的開心果，在烤糕點的裝飾上經常使用。不要選擇帶殼的美國產，而是西西里島產或伊朗產，顏色比較鮮豔。薄皮迅速川燙後就容易剝除。充份去除水分後，配合糕點切半或切碎來裝飾。

容易變色，因此先烤過再放上才不會褪色。可於烤過後置於冰箱冷凍保存。

放上開心果來烘焙時，稍微縮短烘焙的時間。

依切開的大小變成不同表情的裝飾。

帶薄皮的西西里島產（左）與伊朗產。

以（瓦斯噴槍）形成美味的烤色

表面覆蓋水果的派餅等，即使派皮已經烤熟，但水果的部份卻很難出現烤色。這種情形可在主體烘烤完成時用瓦斯噴槍來補上烤色。令水果的邊緣變得更為顯眼。

但注意派皮的邊緣，或杏仁奶油的部份不要噴烤。

迅速來回移動噴火口僅噴烤表面。如果火燄太大也會烤焦！

有點火裝置的瓦斯噴槍更方便。

以（塗抹蛋汁）呈現有光澤的烤色與美麗的圖案

就是在薩布雷或薄煎餅、扁薄法國蛋糕麵團等表面上塗抹蛋汁。塗抹蛋汁後再烘焙就會出現光澤及深度的烤色。

專家在蛋黃加水或鹽就會更好塗抹，有時為了出現更濃的烤色而加入砂糖，不過單純使用蛋汁就已足夠。此外，加入較高濃度的即溶咖啡液，就會烤成更深濃的焦茶色。

塗抹蛋汁後，用竹籤或小刀尖描繪圖案來烘焙，就能漂亮拓印上來。

在適當烘烤完成的薩布雷表面，拓印出有明顯光澤的圖案。

加入咖啡的塗抹蛋汁（後方）是看色調混合較濃的即溶咖啡液所製成的。

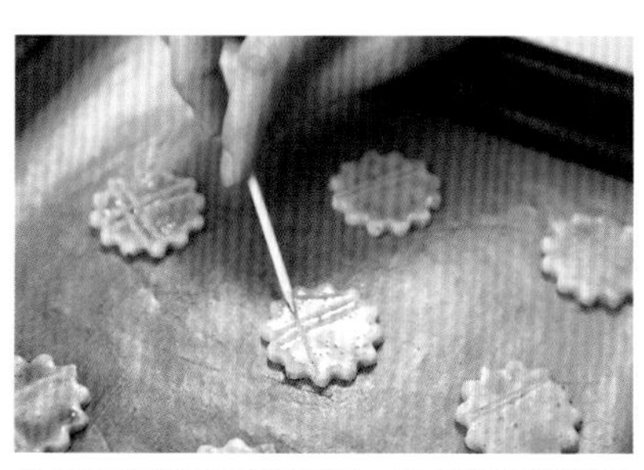

注意不要過度刮傷麵團，把竹籤斜躺僅平刮表面來描繪圖形，竹籤如果沾上麵團就立即抹去。

以（濡濕）最後修飾成濕潤狀態

濡濕就是在烘烤好的蛋糕等成品上，用毛刷把洋酒塗抹在表面上令其滲入主體來添加香氣的作業。對烤好的成品，我不用水或糖漿摻在洋酒中，而是直接抹上洋酒來濡濕。這是為了確實留下酒的香氣，也能提高保存性。

挑選適合成品的洋酒，於剛烘烤完成時抹上令其滲入，酒精成分會適度散失，僅留下酒香的風味。而且濡濕後用保鮮膜緊緊包覆，風味就不會散失。然後暫時放置，熟成後就會和主體融合在一起，變得更濕潤而美味。

多半使用萊姆酒或白蘭地系列等酒精濃度高的洋酒，依個人喜好調節份量。

緊緊包覆，風味就不會散失，而且也能防止乾燥與氧化。

以（巧克力醬）塗裝成濃烈的色調

這種巧克力醬是不必調整溫度的巧克力。有時也稱為塗裝用巧克力、西洋生巧克力。

融化時必須隔水加熱，注意溫度不要太高。因為不是很黏稠而能簡單薄薄塗裝一層，放入冰箱冷藏就會立即凝固。如果是涼爽的季節，完成後的成品放在陰暗處也能保存。

在巧克力裹衣加少量沙拉油也能用來代替。

有磚塊狀（後方）、硬幣狀等2種。甜味或牛奶巧克力等種類可配合成品使用。

能輕易完成有光澤的巧克力塗裝。

把烤好的餅乾等沾上融化成液狀的巧克力醬。

確實除掉多餘的份量，以免之後過多滴落於擺盤過程中。

使用湯匙等從上方滴下來描繪線條也能變得很有流行感！

以（糖霜）變成毛玻璃般的薄衣

用水溶化糖粉做成的糖霜，增添適當的甜味，又能呈現像毛玻璃般的光澤。有時使用檸檬汁來代替水。以稠度較濃的糖霜描繪白線，或把稍薄的糖霜重疊塗在杏桃果醬（參照8頁）上，變成有透明感的糖霜，依濃度能做出各式各樣的最後修飾。

如果直接塗上就是白色濕潤，但放入180℃左右的烤箱迅速烘乾時，就會出現透明感，冷卻後就變成凝固的狀態。但如果在烤箱過度烘烤就會發白而粗糙結晶化，因此必須注意。

蛋糕類等，如果放太久就會溶化，因此請趁早品嚐。

如果要抹上薄薄一層，就把毛刷躺平迅速塗滿。注意不要塗太厚。平的面可使用奶油抹刀。

用烤箱烘乾時就會出現美麗的透明感。冷卻後就凝固。如果太乾就會變粗糙而結晶化。因為不能重做，所以眼睛要緊盯著烤箱，不要離開。一開始冒出氣泡就馬上取出。

澆淋在杏桃上的糖霜稀軟度要是會滴落下的程度。

如果希望白色塗厚一點，就調到稍稠的濃度。

以（蛋白霜）描繪圖案

用蛋白溶化糖粉做成的蛋白霜，比糖霜的稠度更濃，是能用擠花袋擠出的軟硬度。因為蛋白的作用，在常溫也很快凝固，因此可擠在餅乾等上面來描繪圖案，或是用來黏合。為避免擠出來太稀軟，儘量控制蛋白的量，調整到正好能擠出的軟硬度為要點。使用擠花袋或金屬花嘴就能描繪各種粗細的線條。在作業中也會凝固，因此可用濕布巾蓋在盛裝蛋白霜的容器上可延緩凝固時間。

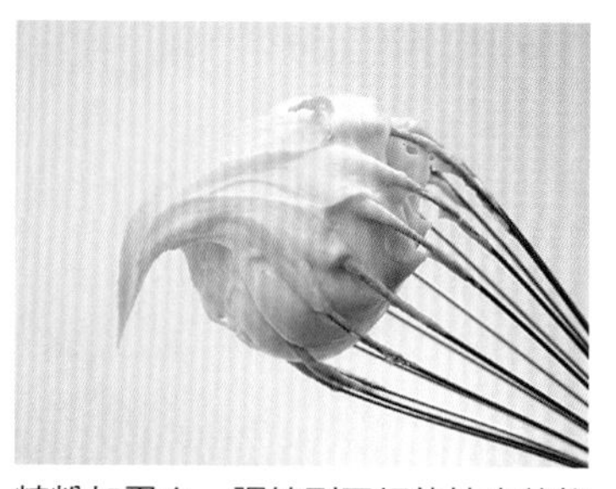

糖粉加蛋白，調節到正好能擠出的軟硬度。

從稍上方擠出，使其滴落來描繪。

描繪自己喜愛的圖案，置於室溫數小時就能確實凝固。

依個人喜好來調整！
改變模具來享受形狀與口感的差異

既然要親自動手製作，當然希望做出自己喜愛的味道、口感。不過在調配上卻有些難度…。

而最簡單能調整的就是改變模具。雖然材料相同，但使用大型模具與小型模具來烘焙，口感也會有所差異。因此想像自己喜愛的類型來挑選模具。

雖然必須調節烘焙的時間或烤箱的溫度，但建議運用五感來認清適當的烘焙程度！到了這種地步，你製作烤糕點的水準必定提升。

烤蛋糕

窄磅蛋糕模具 ——→ 寬磅蛋糕模具

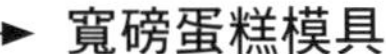

用較窄的磅蛋糕模具、開洞的蛋糕模具或圓圈形模具來烘焙蛋糕、切成片時，周圍的烤色每一口都能吃到，不管吃哪個部位，都能平均吃到香味。

同樣的蛋糕麵糊，用較寬的磅蛋糕模具來烘焙時，沒有烤色的中心部份變多。如果希望品嚐有多量水果、濕潤的口感，就用這種模具來烘焙。因為寬而不易烤透，所以稍微降低烤箱的溫度，花時間慢慢烘焙。

烤扁薄法國蛋糕

圓形模具 ——→ 以塔餅杯模具分成小型

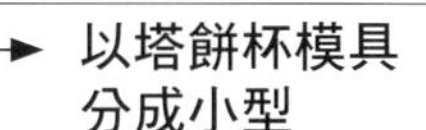

扁薄法國蛋糕麵糊烘烤成周圍的烤面酥脆、裡面鬆散、濕潤的口感。喜歡這種鬆散口感的人，可使用圓形模具烤成整整1大個，因裡面的部份變多，能品嚐到溼潤感。

喜歡周圍酥脆部分的口感與香味的人，可使用表面積增多、薄的小型模具分開烘焙。烤箱的溫度都一樣，烘焙的時間稍短。

烤塔餅

小型塔餅模具 ——→ 飯後甜點的塔餅模具
一口小西點模具

用外觀可愛的小型模具烘焙而成的杏仁餅（參照36頁），全體來說派皮（塔皮）的部份變多。烤成芳香酥脆的口感。

這種杏仁餅用塔餅模具烘烤成飯後式甜點也很美味。上面的杏仁片酥脆，裡面的果醬與杏仁奶油餡濕潤，能品嚐到不同的風味。烤箱的溫度不變，烘焙的時間稍長。

Leçon 1

下午茶時間的蛋糕

以具流行感的模具與精挑細選的素材來烘焙，使其呈現糕點屋水準的高級感！

在下午茶時間令人喜悅的英國磅蛋糕，是連新手也容易製作，任何人都再熟悉不過的烤糕點。但現在捨這種傳統的磅蛋糕模具不用，改以有流行感的模具來烘焙，並採用自己精挑細選的素材來提升水準的作法也不在少數。另外也一併教導高級配方使麵糊的紋路變細、以添加的素材讓成品變得濕潤的技巧。配合各自的性質稍微放置些許時間，在最適當的時機品嚐也是要點。

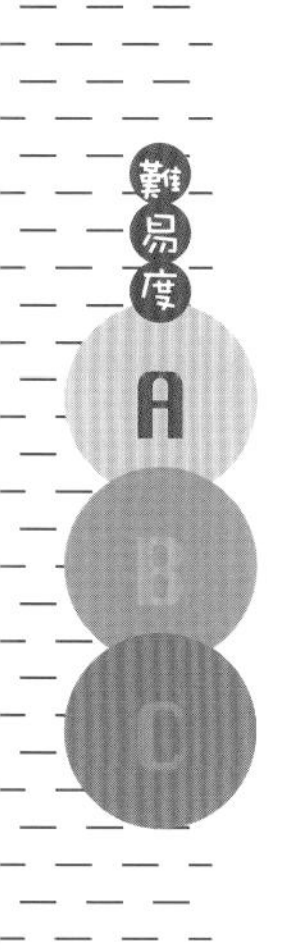

以黑糖在基本的磅蛋糕內
增添獨特的濃郁風味

黑糖蘭姆葡萄乾蛋糕

Cake aux rhum raisins

以黑糖的風味更提升徹底滲入葡萄乾的蘭姆酒香味。而且黑糖也能使蛋糕變得較為濕潤。在同樣的麵糊放上無花果乾，用金融家蛋糕模型來烘焙時，又會呈現不同的印象。

＊黑糖蘭姆葡萄乾蛋糕＊

精挑細選的素材

無花果乾、黑糖

無花果依產地或品種各有不同的特性。土耳其產（左）稍大而溼潤，美國產（右）則感覺稍乾燥。直接烘焙會變硬，因此用熱水泡軟後再使用。黑糖並非使用固體的，而是挑選細粉狀的（後方）。單獨使用風味太濃，因此與白砂糖或三溫糖（紅砂糖）混合使用為其要點。

●●材 料●●

10×6.5cm、高3.5cm的磅蛋糕模具4個份

材料	份量
無鹽奶油	100g
砂糖	60g
黑糖（粉末狀）	60g
全蛋（恢復室溫）	2個
低筋麵粉	120g
發粉	3g
蘭姆葡萄乾	70g

●●前置作業●●

蘭姆葡萄乾瀝乾水份。參照41頁在模具鋪紙。如果是用完即丟的木製模具，就鋪上附帶的紙杯。

●●作 法●●

1 把無鹽奶油放軟。在微波爐加熱數秒，裡面開始融化就用打蛋器攪拌混合成乳脂狀。如果太硬就放入微波爐加熱數秒。但絕不能變成液體狀。

2 砂糖與黑糖分2～3次加入，每次加入就攪伴混合。成為含空氣發白的柔軟狀態。

3 把全蛋確實打散，分2～3次加入。在此階段不必打發，只要混合即可。全蛋恢復室溫就不容易分離。如果會分離，之後加少許低筋麵粉混合，粉就會吸收水份而不再分離。拿掉打蛋器。

4 混合低筋麵粉與發粉，過篩加入。

5 用橡皮刮刀攪拌混合到沒有粉味。

6 加蘭姆葡萄乾，用橡皮刮刀攪拌混合成柔軟狀。

7 倒入模具。烘焙時中央會隆起，因此邊緣的麵糊稍微堆高。

8 放入已預熱170℃的烤箱烘焙25～30分鐘。把模具傾斜，連紙一起取出（照片是用完即丟的木製模具，因此不需要）。剛烤好時很柔軟，請注意操作。冷卻後用保鮮膜緊緊密封在陰暗處保存，烤好後4～5天最好吃。

＊黑糖無花果餅的作法＊

●●材 料●●

8×4cm的矽膠製金融家蛋糕模具12個份

黑糖蘭姆葡萄乾蛋糕的麵糊……半量
無花果乾（白）……8個

●●前置作業●●

無花果乾切成3片浸泡熱水10分鐘左右，用廚房紙巾吸乾水份。

●●作 法●●

1 與黑糖蘭姆葡萄乾蛋糕的**1～6**一樣製作麵糊，倒入塗無鹽奶油（份量外）的金融家蛋糕模具至7分滿、弄平。放上準備好的無花果乾2片。

2 放入已預熱180℃的烤箱烘焙15～18分鐘。出爐後把模具倒過來取出。注意乾燥來保存。

以模具變成現代風格

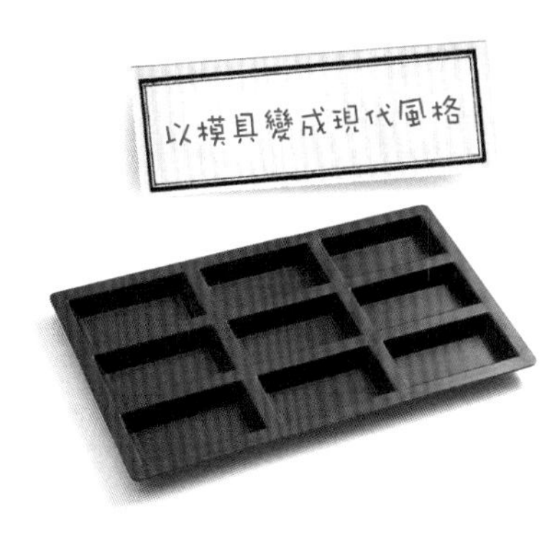

矽膠製金融家蛋糕模具

塗抹少許奶油就能輕易從模具取下，非常方便。使用完以清潔劑洗淨後，利用烤箱的餘熱烘乾。

呈現美味包裝

Wrapping

連同用完即丟的模具一起簡單包裝

把烤好的蛋糕裝入透明的OPP袋，用鋁箔帶封閉。當做簡單的回禮。

與橘子蛋糕合裝禮盒

把黑糖無花果餅與橘子蛋糕片分別裝入OPP袋，再裝入鋪了緩衝材料的籃子。用OPP墊子覆蓋能看得見內容物而顯得可愛。

最後修飾時的濡濕是絕招

栗子蛋糕

Cake aux Marrons

在混入栗子泥的麵糊，與鬆綿口感的栗子澀皮煮，以及甘甜的栗子醬融合變化。用蘭姆酒濡濕，使栗子的風味更突出，修飾成適合成人的優質口味。

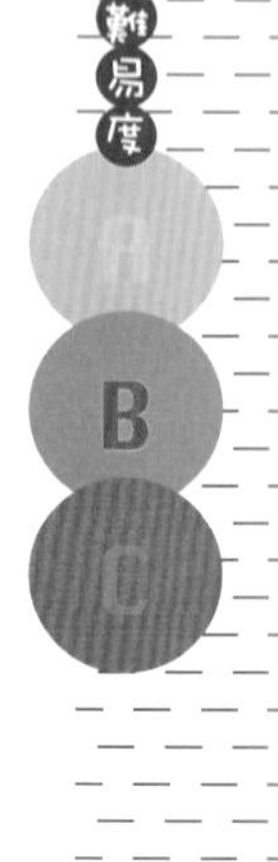

精挑細選的素材

栗子泥
栗子醬
栗子澀皮煮

栗子泥（右）是搗碎的栗子，加砂糖、糖漿做成泥。市面出售的罐裝主要有法國產、義大利產。甜味強，混入材料對增添風味與濕潤感有很大效果。緊緊密閉就能冷凍保存。栗子醬（中）使用碎塊類型就足夠。栗子澀皮煮（左）是使用瓶裝。用剩可冷凍保存。

蘭姆酒

以甘蔗製作的蒸餾酒。儘量大膽使用上等的，就能更提升栗子的美味。這次使用的是法屬馬爾狄尼克島產。使用白蘭地來代替也能修飾成高雅的風味，值得推薦。依個人喜好增減份量。

以模具變成現代風格

小型開洞蛋糕模具

僅使用美麗形狀的開洞蛋糕模具來烘焙，任何蛋糕都會顯得漂亮。小型的開洞蛋糕模具一整個就能當作禮物送人，非常方便。確實做好前置作業，就能從模具整齊漂亮取出。

因為是可愛形狀的開洞蛋糕模具，故需要緊緊包裝

為避免風味散失，用保鮮膜緊緊包裹後，再用OPP紙包起，貼上緞帶做為重點裝飾。

●●材 料●●

直徑10cm的開洞蛋糕模具3個份

蛋糕麵糊
- 無鹽奶油……80g
- 砂糖……55g
- 栗子泥……80g
- 全蛋（恢復室溫）……85g
- 杏仁粉……20g
- 低筋麵粉……90g
- 發粉……3g
- 栗子醬（稍粗）……50g
- 栗子澀皮煮（瀝乾水份，切成2cm塊狀）……50g

濡濕用蘭姆酒……每1個約10g左右

＊加入蛋糕麵糊的栗子醬、栗子澀皮煮如果只用其中一種，就是100g。

●●前置作業●●

參照40頁，把無鹽奶油融化，用毛刷均勻塗抹在模具的內側，先放入冰箱冷藏使奶油冷卻凝固。撒上高筋麵粉或低筋麵粉，充分抖掉多餘的麵粉。放入冰箱冷藏。

●●作 法●●

1. 把無鹽奶油放軟，用打蛋器攪拌混合成乳脂狀。砂糖分2～3次加入，每次加入就攪拌混合。加入栗子泥均勻混合。
2. 全蛋確實打散，分2～3次加入。混合後也加入杏仁粉攪拌混合。拿掉打蛋器。
3. 混合低筋麵粉與高筋麵粉過篩加入。用橡皮刮刀攪拌混合使其柔軟。
4. 加栗子醬、栗子澀皮煮，用橡皮刮刀攪拌混合，混合後倒入準備好的模具。烘焙時中央會隆起，因此邊緣的麵糊稍微堆高。
5. 放入已預熱170℃的烤箱烘焙20～25分鐘，散熱後從模具取出。
6. 濡濕。用毛刷把蘭姆酒塗滿剛烘烤好的蛋糕使其滲入（**參照11頁**），冷卻後用保鮮膜緊緊密封在陰涼處保存，烘烤完成後3～5天最好吃。

精挑細選的素材

醃漬洋酒的水果

用自己喜愛的洋酒醃漬市售的綜合水果與葡萄乾，和橘子皮一起加入麵糊中。除葡萄乾之外還可加無花果等水果乾，或捨市售品而全部使用自己喜愛的水果來混合亦可。嘗試自家製特有的調配。

●●材 料●●

醃漬的綜合水果（市售品）……200g
葡萄乾或無籽葡萄乾……100g
柑橘甘邑白蘭地……適量
＊洋酒其它還有白蘭地、蘭姆酒、柳橙甜露酒等酒精濃度40度以上的烈酒，任何一種均可使用。

●●作 法●●

混合醃漬的綜合水果、葡萄乾，倒入洋酒淹過材料，表面覆蓋保鮮膜。在陰暗處保管，醃漬1週以上。

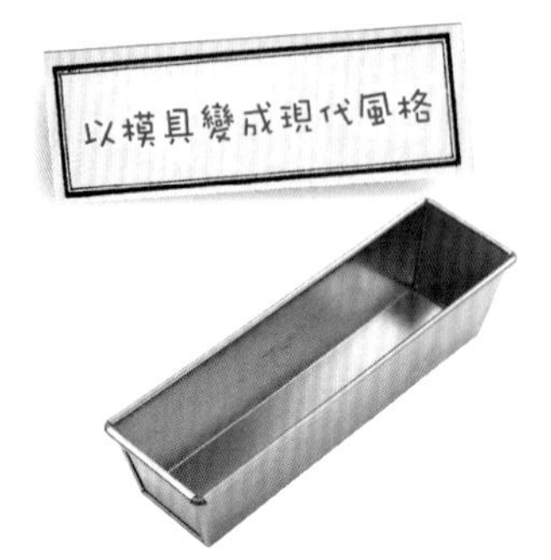

細長型磅蛋糕模具

近來常見的細長型磅蛋糕模具，即使是加入多量奶油的麵糊也容易烤透，切片小，是適合味道濃郁蛋糕的大小。

用金繩來強調修長的線條

先用保鮮膜緊緊包裹以免風味散失，再用OPP袋或紙墊包起，然後用細的金繩與貼紙來做最後修飾。

●●材 料●●

邊緣尺寸21×5.5cm、高5cm的磅蛋糕模具1個份

無鹽奶油……50g
砂糖……40g
蜂蜜……10g
全蛋（恢復室溫）……45g
低筋麵粉……35g
高筋麵粉……25g
發粉……2g
醃漬洋酒的水果……130g
橘子皮（切碎）……40g

●●前置作業●●

洋酒醃漬的綜合水果瀝乾水分後備用。請參考P41，放在鋪上烘焙紙的容器裡。

●●作 法●●

1 把無鹽奶油放軟。用打蛋器攪拌混合成乳脂狀。砂糖分2～3次加入，每次加入就攪拌混合，成為含空氣發白的柔軟狀態後，加入蜂蜜。
2 全蛋確實打散，分2～3次加入（參照16頁的**3**）。
3 混合低筋麵粉、高筋麵粉、發粉，過篩加入。用橡皮刮刀攪拌混合使其柔軟。
4 加入醃漬洋酒的水果、橘子皮（**照片**），用橡皮刮刀攪拌混合使其柔軟。
5 倒入準備好的模具。烘焙時中央會隆起，因此邊緣的麵糊稍微堆高。
6 放入已預熱170℃的烤箱烘焙40～45分鐘。
7 出爐後把模具傾斜，連紙一起取出。剛烤好時很柔軟，請注意操作。
8 冷卻後用保鮮膜緊緊密封在陰暗處保存，烘烤完成後4～5天最好吃。

加入與麵糊大致同量的醃漬洋酒水果。

難易度

B

C

獨創式的以混入的水果來製作就是招牌蛋糕。除醃漬洋酒的種類之外，也以混合水果乾的比例來自由調配。加入與麵糊大致同量的水果，因此能耐久放，放上4、5天熟成後再品嚐反而更美味。

醃漬洋酒的各式水果

招牌蛋糕

Cake à la maison

以改變餡料

來調配種類

混入醃漬櫻桃酒的小紅莓

把小紅莓乾醃漬櫻桃酒（櫻桃的蒸餾酒），混入蛋糕麵糊。切面成美麗的紅色圖案，味道高雅清爽。僅一種水果乾就能簡單製作，成為有個性的一例。

把法國經典的蛋糕調配成柑橘風味。外側是含可可、輕盈的蛋白霜材料，內側是杏仁奶油餡。組合對比的材料使口感出現變化。二者均不含麵粉，以杏仁為主體，因此烤出來變成非常醇厚而濕潤。

美麗的雙色對比

橘子蛋糕

Ecossais orange

●●材 料●●

直徑16cm的矮開洞蛋糕模具1個份

模具用
- 無鹽奶油、杏仁粒……各適量

杏仁奶油餡
- 無鹽奶油……40g
- 砂糖……40g
- 全蛋（恢復常溫）……40g
- 杏仁粉……40g
- 低筋麵粉……5g
- 橘子皮（切碎）……30g

巧克力蛋白霜
- 蛋白……50g
- 砂糖……25g
- 可可……7g
- 杏仁粉……55g
- 糖粉……30g

濡濕用柑橘甘邑白蘭地（或柳橙甜露酒）……25g左右

1 在此如果過度混合，之後倒入模具完成時泡沫會消失，因此混合9成即可。

2 一點一點放入模具，以免杏仁粒脫落，不要過度攪拌麵糊，一口氣抹上。

3 杏仁奶油餡放在蛋白霜上。因不容易弄開，所以一點一點少量舀起放上。

4 烤後中央會隆起，所以比邊緣弄凹一些。

●●作 法●●

1 準備模具。用手指抹上放軟的無鹽奶油。撒上杏仁粒，全體均勻攤開。倒放在紙上，把多餘的抖掉。放入冰箱冷藏來冷卻。
2 製作杏仁奶油餡。把無鹽奶油放軟，用打蛋器攪拌成乳脂狀。依序加入砂糖、全蛋、杏仁粉、篩過的低筋麵粉攪拌混合。最後加切碎的橘子皮混合。
3 製作巧克力蛋白霜。蛋白加入砂糖，用手動攪拌器打至起泡。攪拌成有光澤硬度的蛋白霜。混合可可、杏仁粉、糖粉，過篩加入。用橡皮刮刀仔細攪拌混合，粉味消失就混合完畢。（**照片1**）。
4 把巧克力蛋白霜一杓一杓放入**1**的模具，沿著模具用橡皮刮刀抹入（**照片2**）。邊緣整理乾淨。內側也一樣。
5 在巧克力蛋白霜的凹部填入杏仁奶油餡，把中央弄凹（**照片3、4**）。
6 放入已預熱180℃的烤箱烘焙30分鐘。烤好立即用毛刷把柑橘甘邑白蘭地刷在上面使其濡濕（**參照11頁**）。散熱後翻過來從模具輕輕取出，冷卻後用保鮮膜緊緊密封來保存。在陰涼處保存，烘烤完成後4～5天最好吃。

以模具變成現代風格

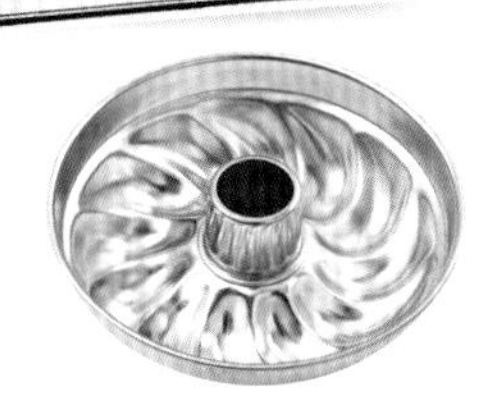

矮開洞蛋糕模具

容易烤透，能漂亮烤好上面的圖案，因每一片變小，而能平均吃到二種橘子蛋糕的材料。也可用圓圈形模具來代替。

以改變模具 來調配種類

用圓盤模具來烘焙

因為是平面而能貼上杏仁片。照片是以杏仁奶油餡加檸檬皮與生薑泥來調配的風味。

呈現美味包裝

使用透明盒來清晰呈現

如果是送給能立即品嚐的對象，就裝入透明的盒子，讓對方看見美麗的成品當作禮物。如果隔一段時間才吃，就用OPP紙緊緊包住比較保鮮。

●●作 法●●

1 把柚子皮磨泥，和無鹽奶油混合放入微波爐融化。保溫到40℃左右的溫熱狀態。
2 把全蛋打散後加入砂糖、轉化糖，隔水加熱。用打蛋器邊攪拌混合，邊加熱到插入手指一段時間會感到溫熱的程度（45℃左右）。
3 停止隔水加熱，把手動攪拌器改成高速，打起泡到有份量、出現打蛋器的痕跡，撈起時會慢慢滴落的程度（**照片1**）。
4 混合低筋麵粉、高筋麵粉，過篩加入，用橡皮刮刀大幅攪拌混合全體，混合到粉味消失成柔軟狀。
5 在**1**加入**4**的1/4，用打蛋器攪拌混合。倒回**4**的容器，加入柚子皮用橡皮刮刀確實混合全體。
6 倒入準備好的模具，放入已預熱180℃的烤箱烘焙25分鐘。
7 出爐後把模具傾斜，輕輕敲打，倒過來放在烤紙上。剛烤好時很柔軟，請注意操作。充分冷卻。
8 用波狀刀刃的小刀小心把角削掉6～7mm寬（**照片2**）。
9 參照8頁，用杏桃果醬來塗裝。不要塗太厚，把毛刷躺平塗上薄薄一層。
10 製作糖霜。混合糖粉與柚子果汁變成稀的濃度（**參照10頁**）。用奶油抹刀或毛刷塗上薄薄一層，用柚子皮、開心果碎粒來裝飾（**照片3**）。
11 放入已預熱180℃的烤箱加熱1～2分鐘左右使糖霜變透明，開始膨脹就從烤箱取出。眼睛不要離開烤箱，以免變乾。充分冷卻後放入有蓋的容器在陰涼處保存，烘烤完成後的隔天到3天最好吃。

●●材 料●●

邊緣的尺寸21×5.5cm、高5cm的
磅蛋糕模具1個份

蛋糕麵糊

柚子皮	小1個份
無鹽奶油	50g
全蛋	70g
砂糖	45g
轉化糖（可用蜂蜜代替）	10g
低筋麵粉	30g
高筋麵粉	30g
柚子皮（市售品・切粗）	20g

杏桃醬（過濾類型）	30g

糖霜

糖粉	20g
柚子果汁	5～6g

裝飾用

柚子皮（市售品）	適量
開心果	適量

●●前置作業●●

參照40頁，用毛刷把融化的無鹽奶油均勻塗抹在模具的內側，在冰箱冷藏使奶油冷卻凝固。撒高筋麵粉或低筋麵粉，抖掉多餘的麵粉，放入冰箱冷藏。

3 發白的糖霜，在烤箱烘乾就能修飾成半透明。

1 確實加熱蛋汁，打起泡到撈起時的一瞬間沾在打蛋器上、然後再慢慢滴落的程度。

2 冷卻後才容易切得漂亮整齊。

呈現美味包裝

Wrapping

把美麗修飾好的蛋糕
直接裝入蛋糕捲盒來送人

如果用保鮮膜緊緊包裹，隔一段時間，辛苦完成的漂亮蛋糕就會沾在保鮮膜上而走樣。因此直接裝入蛋糕捲盒，就能以漂亮的狀態送人。

難易度 A B C

修飾完成後的黃色光澤
可做為口感的重點

週末柚子磅蛋糕

Week-end Yuzu

把傳統配方檸檬風味的磅蛋糕，改用柚子來製作。以全蛋起泡法製作的奶油麵糊，不加發粉，因此以打發後混合的方法來烘焙就會出現差異。如果能成功完成，將變成意想不到含豐富奶油、輕盈濕潤的蛋糕。

精挑細選的素材

柚子皮與轉化糖

乾燥類型的柚子皮，濃縮柚子風味。用砂糖煮橘子皮也一樣能製作。在蛋糕麵糊加入轉化糖，就會有很大的濕潤效果。無色無臭，因此能混入任何麵糊為其特色。

Leçon 2

珍藏的派餅與扁薄法國蛋糕

充分烘焙來帶出麥粉本身的美味，提升素材來裝飾成高級的糕點

烘烤成焦黃烤色的塔餅或扁薄法國蛋糕，是我個人最偏愛的糕點之一。

尤其不用新鮮奶油或水果來裝飾的素烤塔餅，最重要的是徹底烤到中心，能感受到粉香的「烤透的美味」。如果能漂亮的烘烤完成，最好以能提升這種烤色與素材風味的簡單裝飾來做最後修飾。

難易度 A B C

含多汁柑橘、適合夏季品嚐的派餅

橘子派

Tarte aux Oranges

把基本的派皮加入杏仁奶油餡、水果一起烘焙而成的最簡單派餅。橘子確實瀝乾水份，以免水份過多。確實烤透奶油餡為其要點。

●● 材料 ●● 直徑16cm的派餅圓圈形模具1個份

派皮
- 無鹽奶油……35g
- 糖粉……25g
- 蛋黃……1個份
- 香草油……2～3滴
- 低筋麵粉……60g

杏仁奶油餡
- 無鹽奶油……30g
- 砂糖……40g
- 全蛋（恢復室溫）……40g
- 杏仁粉……40g
- 橘子皮泥……1/2個份

裝飾用
- 橘子……1個
- 細砂糖……適量
- 杏桃果醬（過濾型）……適量

派皮 用食物處理機製作

1 糖粉、低筋麵粉不過篩放入食物處理機。無鹽奶油以冰冷狀態加入，旋轉攪拌成粉粉的狀態。

2 加入蛋黃，再加入香草油。控制開關慢慢旋轉來攪拌。一開始是粉粉的，但逐漸就變成鬆散狀。

3 粉味大致消失，變成炒蛋程度、濕潤鬆散狀就完成。

派皮 在容器製作

1 把放在室溫變軟的無鹽奶油、糖粉用打蛋器攪拌混合。不要過度混合以免含空氣。蛋黃加香草油，在混合好的階段就拿掉打蛋器。

2 低筋麵粉過篩加入，用橡皮刮刀攪拌混合。

3 粉味消失，材料變成一團，就邊按壓邊揉成一團。

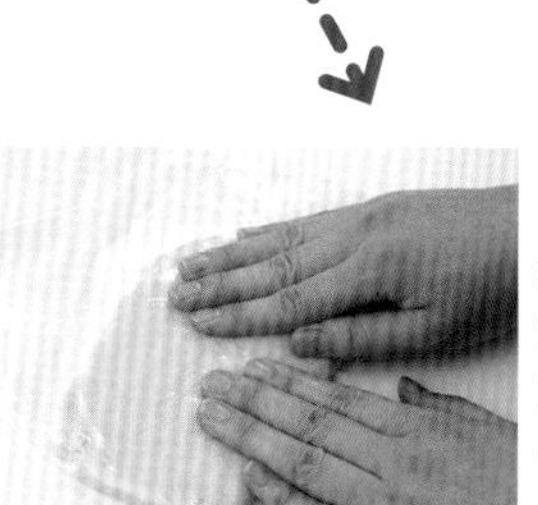

4 裝入塑膠袋弄平，在冰箱冷藏放置1小時以上使其鬆弛。之後冷凍保存。因為鬆弛能防止烤後收縮，使麵團緊縮而容易擀壓成型。

鋪入模具

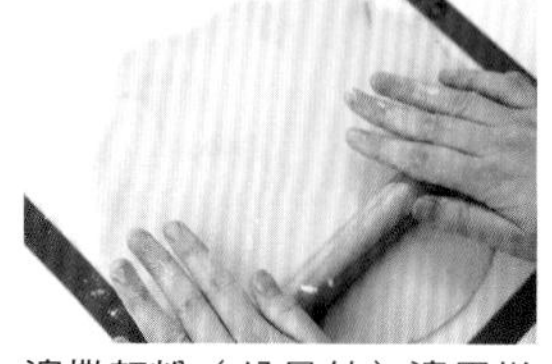

1 邊撒麵粉（份量外）邊用擀麵棍擀成3mm厚。撒粉使用高筋麵粉較好，但如果沒有也可用低筋麵粉。

2 把麵團捲在擀麵棍上，蓋在鋪了烤紙的模具上，考慮烤後收縮，慢慢鋪入。

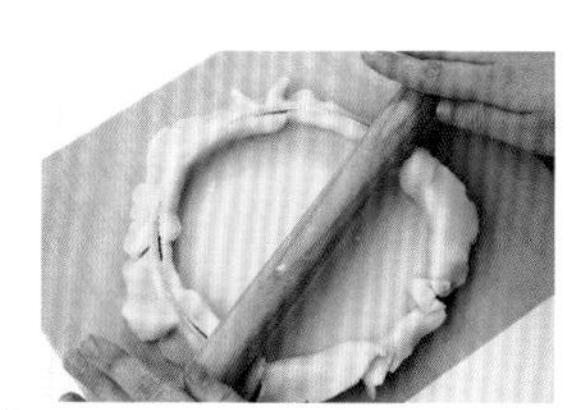

3 把擀麵棍在模具上滾動，去除邊緣的麵團。

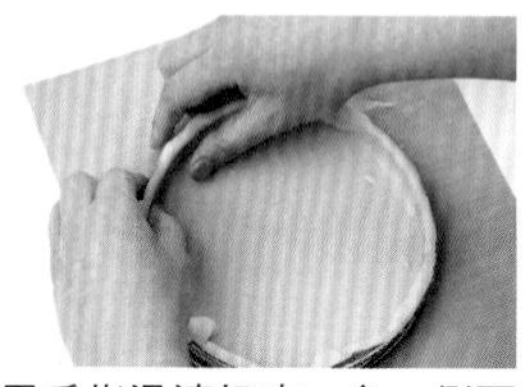

4 用手指迅速把底、角、側面緊貼。如果變軟，就放入冰箱冷藏來緊縮。注意不要過度按壓，以免厚度不均等。

5 用銳利的小刀切掉邊緣。放入冰箱冷藏冷卻，待麵團緊縮後再切，就能切得整齊。小心調整厚度。

6 使用叉子在整個底部戳洞，這樣容易烤熟，也能防止烘烤時從底部浮起。放入冰箱冷藏冷卻。

在派皮中填入餡料烘焙、裝飾

1 填入杏仁奶油餡，切掉邊緣，中心稍為弄凹，用橡皮刮刀迅速弄平。

2 把橘子剝皮，縱切一半。橫向放置，切成5mm厚的片狀。使用銳利的小刀來切。

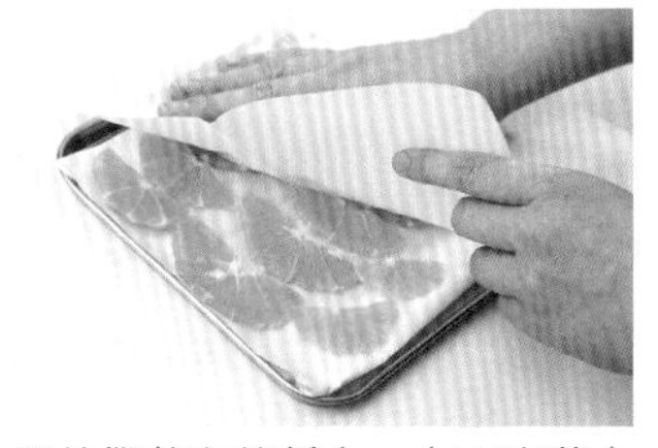

3 逐片攤放在烤紙上，上面也蓋上紙巾來充分吸乾水份。

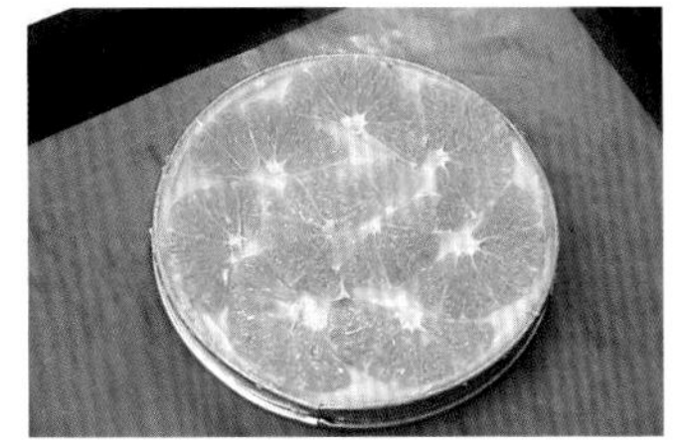

4 從外側不重疊排放橘子片。從大片開始排起，在全體撒上細砂糖。

5 放入已預熱180℃的烤箱烘焙35～40分鐘，使全體確實出現烤色，烘烤到邊緣脫離模具（參照6頁）。

6 用瓦斯噴槍把橘子熾出烤色（參照10頁）。杏桃果醬用微波爐加熱變軟，趁熱用毛刷塗滿全體。烘烤完成當天最美味。

製作杏仁奶油餡

用打蛋器把恢復室溫的無鹽奶油攪拌成乳脂狀。依序加入砂糖、全蛋、杏仁粉攪拌混合。最後加入橘子皮泥，攪拌混合。

以模具變成現代風格

塔餅模具
（能卸下底的類型）
塔餅圓圈形模具

二種都是塔餅用，但如果不熟悉鋪入模具，建議使用能卸下底的類型（右）。無底的塔餅圓圈形模具（左），能烤出整齊的形狀為特徵。因為無底，就在烤紙上面鋪入模具，直接移到烤盤上。

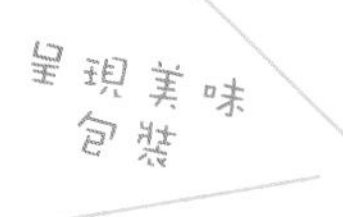

Wrapping

使用能呈現烤色的透明盒

為避免派餅成品破裂，故放在金屬盤上，裝入透明盒。儘量裝入大小適中的盒子，以免塔餅晃動。為突顯烤色，緞帶使用不太鮮豔的色調。

在酥脆的派皮中充分加入味道酸甜的日本紅玉蘋果

蘋果派

Tarte aux Pommes

難易度
A
B
C

揉入派皮的油酥麵團以美國派一樣不甜、酥脆的口感為特徵。填入多量新鮮與煎過的日本紅玉蘋果。如果覺得排列方式困難，任意改變也無所謂。在充分烘烤好的蘋果上塗滿杏桃果醬，不僅顯得漂亮，也更能提升風味。

●●作 法●●

1 製作油酥派皮。把高筋麵粉、低筋麵粉、鹽、砂糖過篩加入稍大的容器，切成1cm塊狀的無鹽奶油以冰冷的狀態放入。
2 用切板切入無鹽奶油（**照片1**）。然後壓在容器底部變成細鬆散狀。
3 淋入冷水，不搓揉弄成一團（**照片2**）。稍微殘留粉味、無鹽奶油粒的程度較好。如果粉味太重而無法揉成一團，就加微量的水。
4 裝入塑膠袋弄平，放入冰箱冷藏1小時以上使其鬆弛。
5 邊撒上適量的麵粉（份量外）邊用擀麵棍擀薄，鋪入模具（參照28頁）。這是容易烤好收縮的麵團，因此要鬆鬆的鋪入。用叉子在全體戳洞（**照片3**），用保鮮膜包起放入冰箱冷藏1小時以上使其鬆弛。
6 蘋果削皮去芯，切成5mm厚的銀杏葉形。在平底鍋與砂糖一起煎到變軟。最後撒肉桂，冷卻。
7 製作杏仁奶油餡。把恢復室溫的無鹽奶油用打蛋器攪拌成乳脂狀。依序加入砂糖、全蛋、杏仁粉攪拌混合。加蘭姆酒增添香味。
8 把蘋果攤放在**5**的塔餅上。倒入杏仁奶油餡，中央稍微弄凹（**照片4**）。
9 把最後裝飾用的蘋果削皮後切成4塊、去芯。再切成2mm厚的片狀。
10 把蘋果慢慢挪移像扇子一樣攤開，沿著**8**的邊緣排滿一周（**照片5**）。至此階段使用半量蘋果，從中取出一束形狀漂亮的在中心使用，把剩下的分成2等分攤放在內側。在中央的空洞放入較小片，把預留的一束邊挪移邊排入（**照片6**）。
11 在全體充分撒上細砂糖，依個人喜好撒上肉桂。
12 放入已預熱190℃的烤箱確實烘焙40～45分鐘。如果有瓦斯噴槍，就用來烤出淡淡的焦黃色（參照10頁）。
13 在微波爐加熱杏桃果醬使其變軟，趁熱用毛刷塗滿全體（參照8頁）。在邊緣撒上裝飾糖來修飾。烘烤完成當天最美味。

●●材 料●●

底下的直徑12cm、上徑14cm能卸下底盤的派餅模具1個份

油酥派皮
- 高筋麵粉……35g
- 低筋麵粉……35g
- 鹽……2g
- 砂糖……8g
- 無鹽奶油……35g
- 冷水……30g左右

煎蘋果
- 蘋果（日本紅玉）……1/2個
- 砂糖……10g
- 肉桂……適量

杏仁奶油餡
- 無鹽奶油……20g
- 砂糖……20g
- 全蛋（恢復室溫）……20g
- 杏仁粉……20g
- 蘭姆酒……5g

最後裝飾用
- 蘋果（日本紅玉）……1個
- 細砂糖……適量
- 肉桂……適量
- 杏桃果醬（過濾型）……適量
- 裝飾糖……適量

1 迅速切入以免奶油融化。

2 水少加一點，以免麵團潮濕、口感變差。不要搓揉弄成一團。

3 確實戳洞。這樣就容易烤透。

4 中央不易烤透，因此稍微弄凹一些。

5 切薄的蘋果片，只要不弄散就容易漂亮排列。

6 不偏離均一排放。朝同一方向、同樣錯開的程度來排放就很美麗。

●●作 法●●

1 製作紅葡萄酒煮李子。把水果放入小鍋，加入砂糖、淹過水果的紅葡萄酒。用鋁箔紙當落蓋，開中火來煮。煮沸後再煮1～2分鐘就熄火。依個人喜好加入肉桂，放置一晚。
2 製作扁薄法國蛋糕麵糊。用打蛋器攪拌混合無鹽奶油成乳脂狀。依序加入糖粉、蛋黃、牛乳、蘭姆酒，均勻混合。不必打發含空氣。拿掉打蛋器，過篩加入低筋麵粉與發粉，用橡皮刮刀攪拌混合成柔軟狀。
3 把170g的扁薄法國蛋糕麵糊分別放在模具的數處，用橡皮刮刀塗滿底部與側面。邊緣不要沾上。
4 把瀝乾水份的紅葡萄酒煮李子切半，在**3**的中央排成2列，用手指輕輕按壓弄平（**照片1**）。
5 把剩下的扁薄法國蛋糕麵糊分數處放置，把橡皮刮刀躺平撫平麵糊（**照片2**）。邊緣弄乾淨，中央稍微弄凹。放入冰箱冷卻30分鐘使表面凝固。
6 進行最後修飾的蛋汁塗抹（參照10頁）。用毛刷在全體塗上蛋汁，用竹籤描繪自己喜愛的圖案（**照片3**）。把開心果以外的堅果放在中央。
7 放入已預熱180℃的烤箱烘焙30～35分鐘。散熱後輕輕從模具取出。
8 在微波爐加熱杏桃果醬，沾上少量切塊的水果乾、開心果，放在烘焙好的扁薄法國蛋糕上（**照片4**）。
9 放入已預熱180℃的烤箱烘焙2～3分鐘。冷卻後果醬就凝固，牢牢黏住。在陰涼處保存，烘烤完成後3天最美味。

●●材 料●●

24×10cm、高3cm的底盤
能卸下的長方形塔餅模具1個份

紅葡萄酒煮李子
- 李子（去籽型）……8～10個
- 砂糖……15g
- 紅葡萄酒……適量
- 肉桂……適量

扁薄法國蛋糕麵糊
- 無鹽奶油……90g
- 糖粉……90g
- 蛋黃……2個份
- 牛乳……8g
- 蘭姆酒……8g
- 低筋麵粉……140g
- 發粉……2g

最後裝飾用
- 塗裝用蛋汁（參照10頁）……適量
- 胡桃、榛果、開心果等自己喜愛的堅果……適量
- 杏桃果醬（過濾型）……適量
- 小紅莓、杏桃、無花果等自己喜愛的水果乾……適量

●●前 置 作 業●●

用鋁箔紙覆蓋住模具的底板，套在底部。側面抹上乳脂狀的無鹽奶油。

精挑細選的素材

紅葡萄酒煮李子

帶有紅葡萄酒與肉桂的風味，成為柔軟的口感，就能製作更高級的扁薄法國蛋糕。把這種李子混合優格來吃也美味。在冰箱冷藏可保存4～5天。

以改變模具與餡料 來調配種類

加栗子用圓盤模具來烘烤

把栗子澀皮煮切半放入，代替紅葡萄酒煮李子。用有高度的圓盤模具來烘焙時，裡面的濕潤部份會變多而成為柔軟的口感。如果用小型塔餅杯模具來烘焙，也能做出芳香可愛的扁薄法國小蛋糕（參照13頁）。

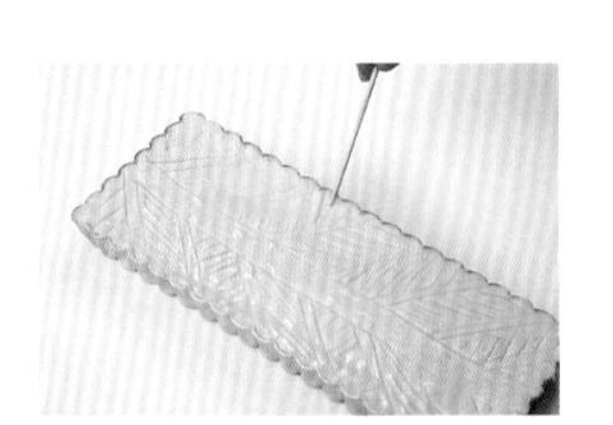

3 太細的圖案無法顯現，因此粗略描繪即可！

1 把李子放在麵糊上時要壓平，以免突出。全部鋪滿就能每一片都吃到李子。

4 果醬不要沾太多。蛋糕體很燙，小心燙傷。

2 不要一次就覆蓋在材料上，一點一點慢慢攤開抹上填滿空隙。烤好後中央會隆起，因此弄凹一些。

難易度 B

烤成大又厚的扁薄法國蛋糕，外表像薩布雷餅乾般酥脆，裡面則像蛋糕般軟綿的口感。充分夾入用紅葡萄酒煮的李子。把原本是圓形的扁薄法國蛋糕，改用長方形的塔餅模具來烘焙，用堅果或水果乾裝飾成五彩繽紛。

裝飾得色彩繽紛
當作聖誕節禮物也值得推薦

李子扁薄法國蛋糕

Galette aux Pruneux

難易度 A B C

剩下的塔皮碎屑，不會浪費，
可用來作簡單的頂飾

哈爾

HAL

在醃漬甜露酒而柔軟的杏桃餡餅上，放上剩下的塔皮來代替屑狀頂飾，再搭配酥脆口感的裝飾。

●●作 法●●

1 製作甜露酒醃杏桃。把杏桃乾放入容器，倒入柑橘利口酒淹蓋過杏桃。緊緊覆蓋保鮮膜，放入微波爐加熱。煮沸後取出，放置一晚。
2 把參照28頁製作的派皮分4等分，逐個鋪入模具。和橘子派一樣擀壓麵團，但因模具小，稍微擀薄一點。緊貼模具的底部、側面，切掉邊緣。切掉的麵團放入冰箱冷藏。用叉子在整個底部戳洞。
3 製作杏仁奶油餡。無鹽奶油放軟，用打蛋器攪拌成乳脂狀。依序加入砂糖、全蛋攪拌混合。最後加入杏仁粉與過篩的低筋麵粉攪拌混合。
4 在**2**分放上分成4等分的杏仁奶油餡，大致弄平。再各放上瀝乾水份、切半的**1**的杏桃3塊，輕輕壓入（**照片1**）。
5 把剩下的塔皮切成粗塊狀，撒在全體（**照片2**）。再依序撒上杏仁、砂糖（**照片3**）。依個人喜好撒上肉桂。放入已預熱180℃的烤箱烘焙25分鐘。
6 出爐後從模具取出，冷卻後在邊緣撒上裝飾糖。
7 放上杏桃乾、肉桂棒、切半的開心果來裝飾。烘烤完成當天最美味。

●●材 料●●

底部直徑6cm的塔餅杯模具4個份

甜露酒醃杏桃
- 杏桃乾……約6個
- 柑橘甜露酒……適量

塔皮
- 無鹽奶油……35g
- 糖粉……25g
- 蛋黃……1個份
- 香草油……2～3滴
- 低筋麵粉……60g

杏仁奶油餡
- 無鹽奶油……35g
- 砂糖……35g
- 全蛋（恢復室溫）……35g
- 杏仁粉……35g
- 低筋麵粉……5g

最後裝飾用
- 杏仁（切粗）……10g
- 砂糖……適量
- 肉桂……適量
- 裝飾糖……適量
- 杏桃乾……約6個
- 肉桂棒……適量
- 開心果……適量

甜露酒醃杏桃

如果有杏桃白蘭地最理想，但如果沒有就用柑橘利口酒、柑橘味甜露酒等。烘焙時酒精成分就會散失，只留下美好的風味。在冰箱冷藏可保存約10天。

3 不會溶入奶油餡中，變成酥脆的頂飾。

1 因埋在內部而不會直接火烤，故杏桃不會烤乾或烤焦，依然保持濕潤感。

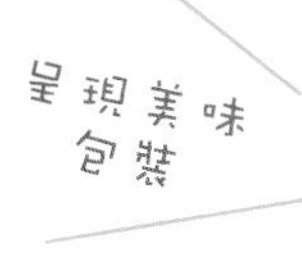

Wrapping

以金屬盤與蛋糕盒變成新鮮蛋糕式

烤成可愛的小型式餡餅，和新鮮蛋糕一樣放入正方形的金屬盤，裝入蛋糕盒來送人，就不會塌陷。

以模具變成現代風格

塔餅杯模具

烘焙小型餡餅時所使用的塔餅杯模具。有各種尺寸，但高3cm左右稍厚的尺寸好用，是我最愛的大小。想把蛋糕麵糊或扁薄法國蛋糕麵糊烤成小尺寸時也可使用（參照13頁）。

2 剩下的塔皮不要切太細，稍大口感才有趣。

無花果黑醋栗塔

●●材 料●●

7×7cm的塔餅模具

派皮的剩餘麵皮……適量
杏仁奶油餡……每1個約15g
無花果乾（黑・切半）……適量
黑醋栗果醬（過濾型）……20g
杏桃果醬（過濾型）……20g
裝飾糖……適量

●●作 法●●

1 同杏仁餅的**1**～**4**一樣來製作。
2 放入杏仁奶油餡，弄平。中央稍為弄凹。把切開的無花果乾各放上3個（**照片**）。
3 放入已預熱180℃的烤箱烘焙13～15分鐘。從模具取出。
4 混合2種果醬在微波爐加熱變軟，用毛刷塗滿上面，邊緣撒上裝飾糖就修飾完成（參照8、9頁）。烘烤完成當天最美味。

使用黑色無花果乾。烘焙時會下沉，因此不要壓入，放在上面即可。

正方形的塔餅模具。長方形的金融家蛋糕模具或淺的心型模具均可。

松果塔

●●材 料●●

直徑5cm的小塔餅模具

派皮的剩餘麵皮……適量
切碎的橘子皮或橘子果醬……每1個約3g
杏仁奶油餡……每1個約5g
松果……適量
細砂糖……適量

●●作 法●●

1 同杏仁餅的**1**～**4**一樣來製作。
2 在底部鋪切碎的橘子皮、弄平。放入杏仁奶油餡與邊緣齊高的程度。
3 在全體放上松果，撒上細砂糖（**照片**）。
4 放入已預熱180℃的烤箱烘焙13～15分鐘，從模具取出冷卻。烘烤完成當天最美味。

撒在上面的細砂糖變成口感很好的頂飾。

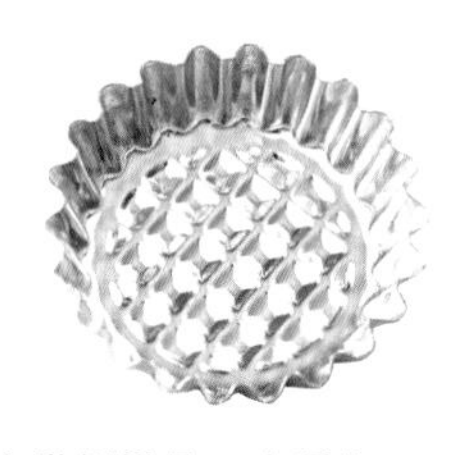

小塔餅模具。也稱為一口小西點。可在小型的餡餅或一口小西點版的巧克力塔餅（參照60頁）利用。

杏仁塔

●●材 料●●

長8cm的船形餅乾模具

派皮的剩餘麵皮……適量
蔓越莓果醬……適量
杏仁奶油餡……每1個約6g
杏仁片……適量
裝飾糖……適量

＊3種派皮均參照28頁的「橘子派」，杏仁奶油餡則參照30頁的「蘋果派」。

●●作 法●●

1 把派皮鋪入模具。與橘子派一樣擀壓麵團，但因模具小，擀稍薄。把麵皮蓋在取間隔排列的模具上。
2 把麵皮放在模具上垂下，用手指輕輕壓入，滾動擀麵棍把多餘的麵皮大致切掉。
3 用手指緊壓模具的底部、側面使其緊貼。
4 用小刀切掉邊緣。用叉子在整個底部戳洞。
5 在底部放上少量蔓越莓果醬（約2g）。如果量太多，烘焙時會溢出，請注意。
6 把杏仁奶油餡填入與邊緣齊高的程度，放上杏仁片（**照片**）。
7 放入已預熱180℃的烤箱烘焙13～15分鐘。
8 滑動從模具取出。冷卻後撒裝飾糖來修飾。烘烤完成當天最美味。

杏仁奶油餡烘焙後會膨脹，因此要控制量。充分放上杏仁片。

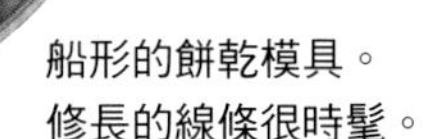

船形的餅乾模具。修長的線條很時髦。

難易度 A B C

利用剩餘麵皮所製作的
各種可愛小型塔餅

製作派餅時，必定會剩下一些麵皮。但如果有小型塔餅模具，就不會浪費這些剩餘的麵皮，可用來製作可愛的塔餅。改變餡料或頂飾，製作成各式各樣不同的小型塔餅。

難易度 A B C

以個性強烈的榛果
搭配鬆綿的栗子

榛果派

Noisettine

在確實烤好的派皮上加入濕潤的栗子奶油，填入鬆綿的蒸栗子，以鬆散的榛果烤蛋白霜材料做為頂飾。享受口感的變化。擠出的烤蛋白霜材料也能扮演裝飾性的角色。

精挑細選的素材

瓶裝蒸栗子

瓶裝的蒸栗子，是法國的薩巴頓公司製。自然的甜味與鬆綿的口感為特徵。也可用甜栗、栗子澀皮煮來代替。

以改變模具
來調配種類

用塔餅杯模具做成小型塔式

對喜歡酥脆的烤蛋白霜或塔餅部份口感的人值得推薦。從模具輕輕取出。

3 撒上糖粉，烘焙時就比較溫和，使烤面酥脆，裡面濕潤。

1 不均勻的狀態即可。注意不要過度攪拌混合。

2 緊實的擠出。留下一點空隙不要緊，烘焙後會略微膨脹填滿。

●●材 料●●

底部直徑15cm的底盤能卸下的派餅模具1個份

派皮

無鹽奶油	35g
糖粉	25g
蛋黃	1個份
香草油	2～3滴
低筋麵粉	60g

栗子奶油餡

栗子泥	100g
鮮奶油	15g
全蛋	40g
榛果粉	40g
蒸栗子	10個左右

榛果烤蛋白霜

蛋白	25g
砂糖	12g
榛果粉	35g
糖粉	35g
榛果	適量
糖粉	適量
裝飾糖	適量

●●作 法●●

1 參照28頁製作派皮，鋪入模具。用叉子在整個底部戳洞，放入冰箱冷藏。
2 製作栗子奶油餡。用木杓把栗子泥弄鬆，依序加入鮮奶油、全蛋攪拌混合。加榛果粉，用打蛋器攪拌到成為柔軟的狀態。
3 在**1**的派皮放入栗子奶油餡，用橡皮刮刀大致弄平。把蒸栗子切半撒上，輕輕按壓。
4 製作榛果蛋白霜。用手動攪拌器把蛋白打發，有份量感時就加砂糖再打起泡，確實做成硬的蛋白霜。混合榛果粉與糖粉、過篩加入，用橡皮刮刀從下面翻起仔細混合。粉味消失後（**照片1**），裝入套有1.3cm的圓形金屬花嘴的擠花袋，擠在餡料上（**照片2**）。
5 榛果切粗，撒上。糖粉用濾茶器過濾撒在全體（**照片3**）。
6 放入已預熱180℃的烤箱烘焙35～40分鐘。待全體確實出現烤色，烤透時邊緣會脫離模具。冷卻後全面撒上裝飾糖來修飾。烘烤完成當天最美味。

配合成品的形狀或材料

來確實準備烘烤模具！

你是否曾有過成功的做好麵料，但烘焙後卻黏附在模具上無法順利取出的經驗呢？配合各種模具的材質或麵料的特徵，確實做好前置作業，就是成為烘焙高手的第一步。

在模具鋪上烤紙，完成時連烤紙一起取出

磅蛋糕模具或方形模具等平面的模具，只要鋪入配合模具裁剪的烤紙，就能連烤紙一起取出。使用薄的容易剝除及表面有光澤的烤紙，這樣麵糊就不會沾黏住而能漂亮取下，也能使用數次。

剪開烤紙的4個角鋪入。

以奶油與麵粉的雙層塗裝來呈現模具的形狀

開洞蛋糕模具或圓圈形模具等不能鋪紙的模具，可用毛刷仔細均勻的抹上融化的奶油。先放入冰箱冷藏使奶油凝固，用低筋麵粉或高筋麵粉撒滿全體，輕輕拍打抖掉多餘的麵粉，在倒入麵糊之前放入冰箱冷藏。像週末柚子磅蛋糕（24頁）一樣，如果希望把表面烤得很漂亮，就要在磅蛋糕模具上做好這種準備。

要點是不要使奶油與麵粉層融為一體，先使奶油凝固再撒麵粉。如果奶油在融化的狀態就會吸收麵粉，使麵糊不易剝除。撒上麵粉後，不要讓奶油再融化。

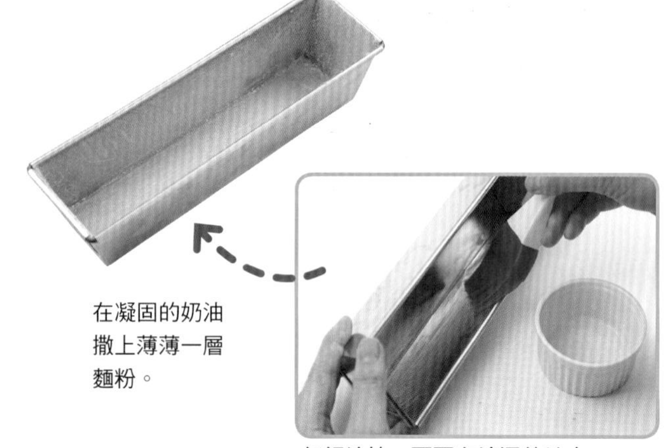

在凝固的奶油撒上薄薄一層麵粉。

仔細塗抹，不要有塗漏的地方。

把堅果沾在模具上貼在麵糊的表面

如果想在烤好的蛋糕表面沾上堅果，首先用手指把美乃滋狀的奶油在模具塗上厚厚一層。如果太薄就沾不住堅果，請注意。全體撒上堅果，抖掉多餘的，放入冰箱冷藏使堅果確實凝固。倒入麵糊時，注意不要讓堅果脫落。

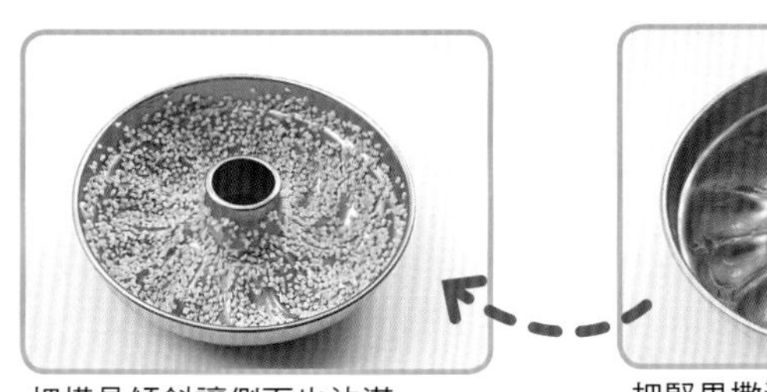

把模具傾斜讓側面也沾滿。

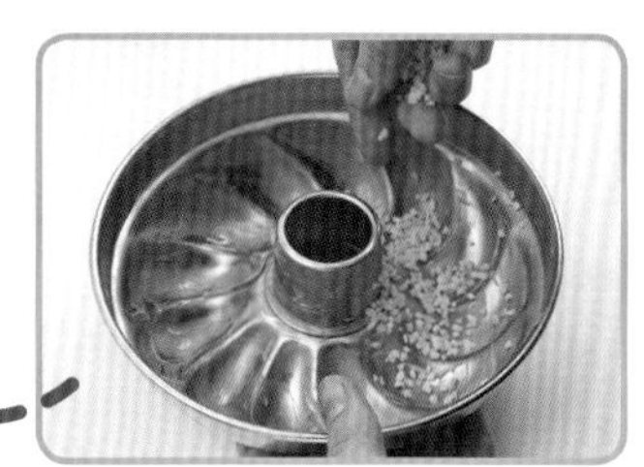

把堅果撒滿全體。

配合麵料來準備

通常用派餅模具烘焙的麵團，因油份多，基本上不做事前準備也不會黏住模具。即使如此，如果還是不放心，就輕輕抹上奶油。

像蛋糕材料般，含多量水份的麵糊，用派餅模具來烘焙時，就以奶油與麵粉做成雙層塗裝。如果是扁薄法國蛋糕麵糊，用手指把美乃滋狀的奶油塗上厚厚一層就沒問題。

矽膠製的模具，基本上不會沾黏，因此如果用舊了，或是容易沾黏的麵糊，只要輕輕抹上奶油即可。

派餅的麵團基本上不做事前準備也沒問題。

矽膠製的只要輕輕抹上即可。

可直接當禮物送人的拋棄型模具

和烤紙成套出售的木製模具、鋁箔製、紙製的模具，不必做事前準備就能直接倒入麵糊來烘焙，並直接當禮物送人。市面有出售各種樣式、素材的，可省下事前準備或事後收拾的麻煩作業，如果生產量多就很方便。

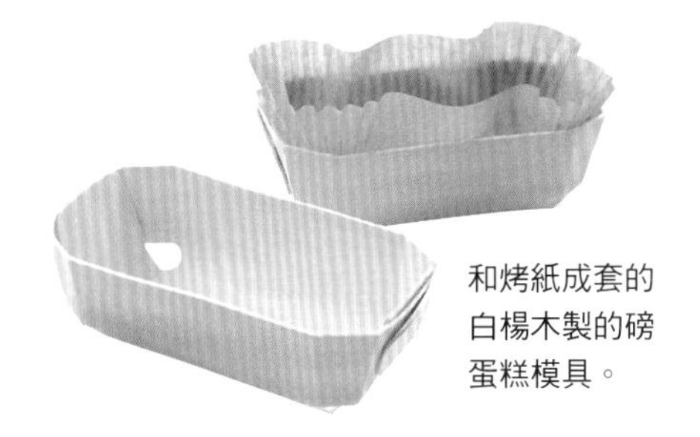

和烤紙成套的白楊木製的磅蛋糕模具。

紙製的瑪芬杯與鋁箔製的磅蛋糕模具。

高明從模具取出的方法與模具的清理保養

從模具取出蛋糕時，失敗的情形經常會發生。尤其是剛烤好時，因太柔軟而容易塌陷，所以必須慎重把關到最後的程序！

首先把蛋糕傾斜，輕輕拍打四周。上側的邊緣因重量剝離後，用鋪烤紙的盤子抵住或倒扣在網狀冷卻架上，輕輕把模具向上拿掉。

如果等到蛋糕完全冷卻後，奶油成分容易黏在模具上，因此必須趁熱取出。但要小心燙傷。

取出蛋糕的模具立即清洗，確實弄乾。尤其是白鐵製的模具，角或邊緣返折處容易殘留水份而生鏽。可利用烤箱的餘熱烘乾來保管。

1

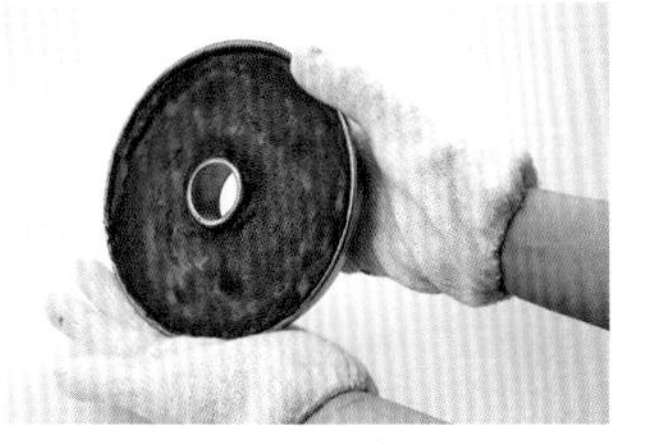

戴上粗棉工作手套，趁熱取出。

2

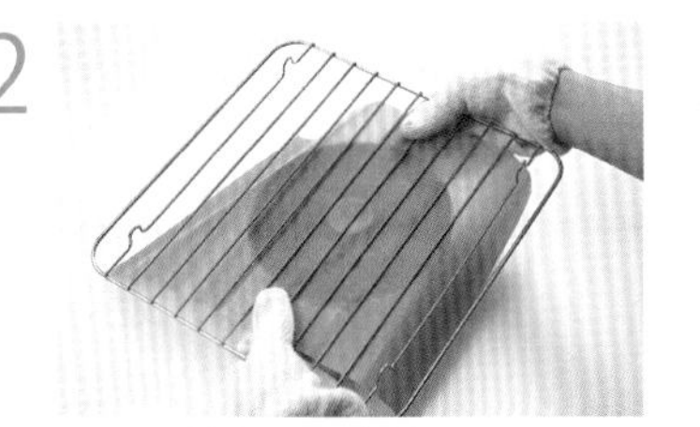

利用烤紙來防止沾黏。

3

輕輕向上拿掉模具。

Leçon 3

做成像糕點店般專業的餅乾

在口感上多下點工夫，以細緻的造型提升水準

製作麵糊、形狀都簡單，自家製的美味餅乾。應該有不少人第一次製作的糕點是餅乾。

若想讓這種樸素的美味升級，變得像糕餅店般漂亮的樣式，重點在於形狀與口感。做成小巧，多重組合風味與口感不同的素材，在最後修飾時多花點心思，就能做出可當作禮物送人的漂亮餅乾。

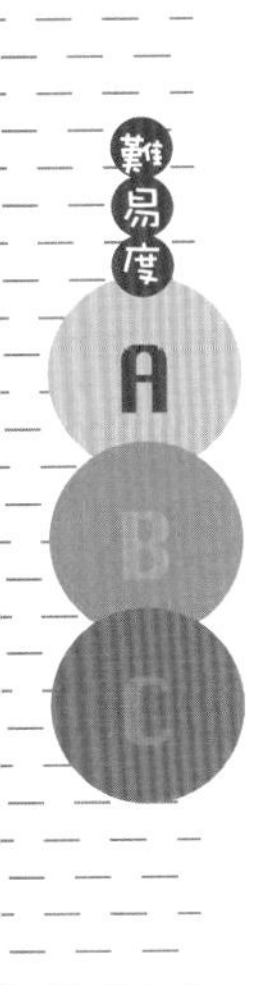

以基本的薩布雷麵團
烤出2種餅乾

能直接品嚐酥鬆細緻的薩布雷麵團口感的就是鑽石薩布雷。沾在周圍的細砂糖閃閃發亮，宛如鑽石一般。中央黏上一顆綠色肚臍做為重點裝飾。昆士蘭堅果薩布雷烤成半月形，撒上糖粉裝飾成白色。昆士蘭堅果帶有微微自然的甜味，味道、外觀就變成截然不同的印象。

鑽石薩布雷

●●材 料●● 約20片份

薩布雷麵團
- 糖粉……25g
- 低筋麵粉……70g
- 杏仁粉……20g
- 無鹽奶油……45g
- 牛乳……10g
- 蛋白……適量
- 細砂糖……適量

綠色的杏仁奶油
- 無鹽奶油……5g
- 砂糖……3g
- 蛋白……5g
- 杏仁粉……5g
- 抹茶（以少量的熱水調成泥狀）……少量

＊綠色的杏仁奶油依序混合材料來製作。

●●作 法●●

1 把糖粉、低筋麵粉、杏仁粉放入食物處理機。不必過篩。加無鹽奶油。以冷涼的狀態即可。

2 開動食物處理機，攪拌成粉粉的。

3 淋入牛乳，控制開關慢慢轉動。就會逐漸攪拌成鬆散狀。

4 粉味大致消失，像炒蛋般濕潤的鬆散狀，用手指捏就會變成一團的狀態。

5 把麵團放在工作台上，輕輕撒上麵粉（份量外）擀成20cm的棒狀。不要形成空洞。如果沾黏就先用保鮮膜包起放入冰箱冷藏鬆弛。再放入冷凍庫確實凝固。

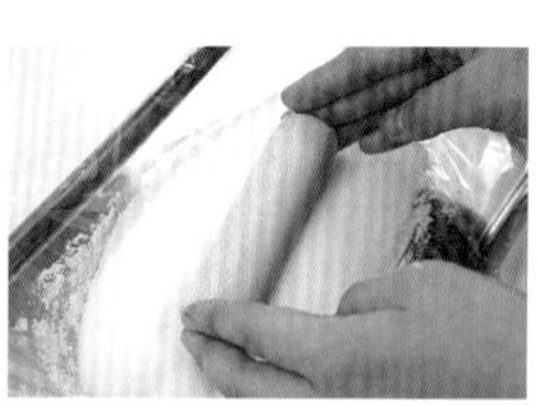

6 手掌稍微沾上蛋白，抹在麵團的表面，在盤子攤平的細砂糖上滾1周，均勻薄薄沾上。

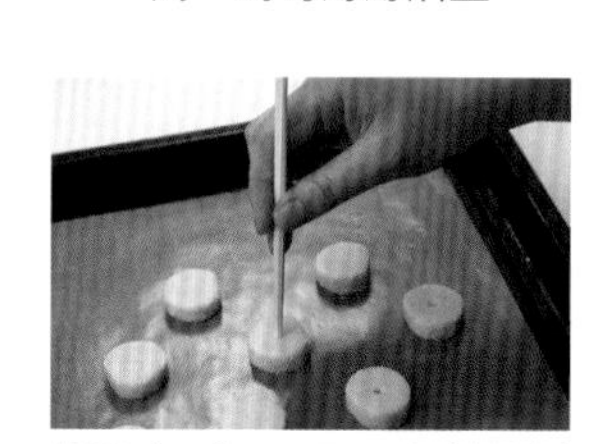

7 切成1cm厚，在鋪烤紙的烤盤上取適當間隔排列，中央用免洗筷戳洞。如果太硬而切不動或無法弄凹下，就放置一下稍微解凍。

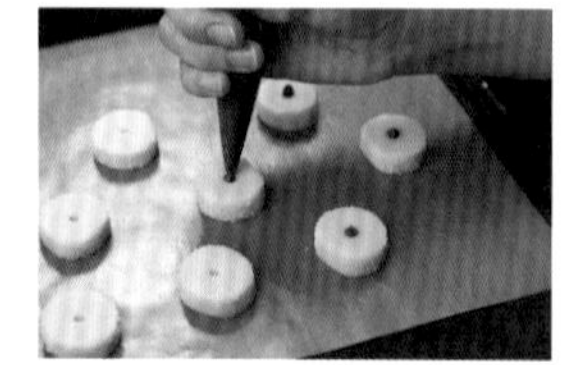

8 把杏仁奶油裝入用完即丟的擠花袋，尖端稍為剪開，一點一點少量擠在凹部。

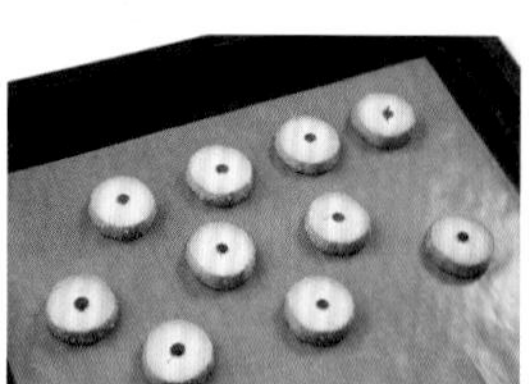

9 放入已預熱170℃的烤箱烘焙15～20分鐘。以背面全體出現烤色，表面中心發白為基準。如果烘烤過頭，中心的綠色會褪色，請注意。

薩布雷麵團在容器製作的情形

無鹽奶油恢復室溫，變成能撕開的軟硬度。用打蛋器攪拌混合，加糖粉攪拌混合。加入牛乳、杏仁粉攪拌混合，拿掉打蛋器。撒入低筋麵粉，用橡皮刮刀攪拌混合到粉味消失、麵團能揉成一團。

半月形昆士蘭薩布雷

●●材 料●● 約30個份

- 薩布雷麵團……與鑽石薩布雷一樣
- 昆士蘭堅果（切粗）……50g
- 裝飾糖……適量

1 薩布雷麵團和鑽石薩布雷的**1**～**4**一樣製作，放在工作台上，揉進昆士蘭堅果混合（**照片1**）。揉成一團再弄成扁平的四角形。

2 切成30等份，邊滾動邊做成5cm的棒狀。弄彎成半月形（**照片2**），放在鋪烤紙的烤盤上取適當間隔排列。放入已預熱170℃的烤箱烘焙12～15分鐘，烤到全體出現烤色。冷卻後與裝飾糖一起裝入塑膠袋使其沾滿（參照9頁）。

像摺疊般揉入麵團中。

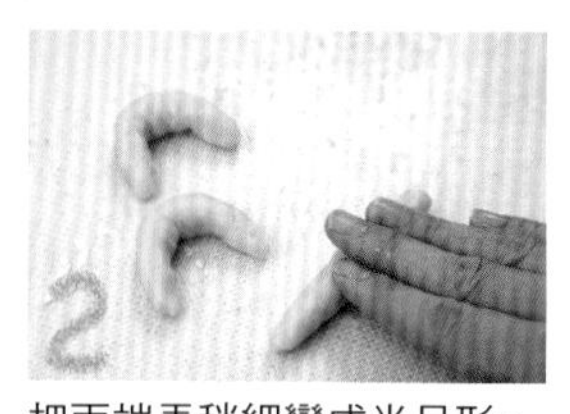

把兩端弄稍細變成半月形。

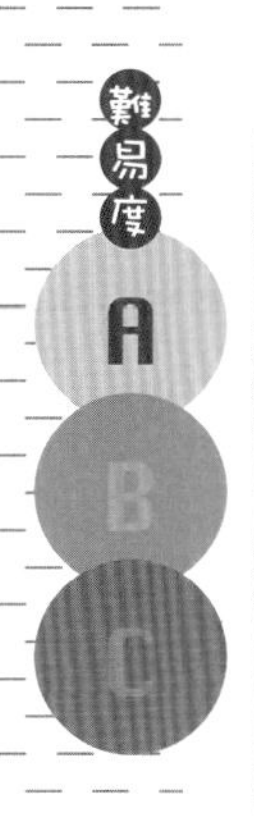

可可薩布雷

Sablée Cacao

把可可與切碎的巧克力混合揉入，含可可成分充足的薩布雷。每咬一口烘烤可可胚乳就會發出更香的可可風味。這是適合成人口味的薩布雷。

1 可做成鑽石薩布雷般的圓木狀。味道稍重，因此建議形狀擀細一點。

2 沾上烘烤芳香的可可豆胚乳。

●● 作 法 ●●

1 參照鑽石薩布雷的**1**～**4**，在此把粉類混合可可，**3**變成鬆散狀後，加巧克力製作薩布雷麵團。
2 把麵團放在工作台上，揉成一團。分成2等分輕輕撒上麵粉（份量外），擀成1邊2.5cm四角形的棒狀（**照片1**）。如果麵團太黏，先用保鮮膜包起來放入冰箱冷藏鬆弛後再成型。
3 逐面在攤平的烘烤可可胚乳上輕輕按壓（**照片2**），之後放入冷凍庫令其凝固。
4 手掌抹少許蛋白，抹在薩布雷麵團上，放在攤平的細砂糖上滾動，均勻薄薄沾上。
5 用刀切成8mm～1cm厚。在鋪烤紙的烤盤上取適當間隔排列。
6 放入已預熱180℃的烤箱烘焙12～15分鐘。

●● 材 料 ●● 約30片份

含可可的薩布雷麵團

材料	份量
糖粉	35g
低筋麵粉	70g
杏仁粉	20g
可可	15g
無鹽奶油	45g
牛乳	10g
甜巧克力（切細）	15g
烘烤可可胚乳	適量
蛋白	適量
細砂糖	適量

想像切面圖案來組合麵團

用可可麵團捲起浮出纖細漩渦圖案的大理石、含巧克力片的麵團而成的捲軸餅乾。描繪出組合2種薩布雷麵團的美麗圖案。如果能成功完成，就向個人獨創的圖案挑戰看看。

●●作 法●●

1 參照44頁的鑽石薩布雷的**1**～**4**製作薩布雷麵團。含可可的薩布雷麵團是粉類混合可可，在此是混合巧克力來製作。把麵團放在工作台上，分別揉成一團。每一種麵團都分成1/3與2/3。

2 把大理石薩布雷成型。把薩布雷麵團的2/3邊撒上麵粉（份量外）邊用擀麵棍擀成8×12cm的長方形。同樣把擀好的含可可的薩布雷麵團1/3重疊其上，捲起（**照片1**）。擀成2倍的長度（**照片2**），折成三摺（**照片3**）。再桿成2倍的長度，折成二摺，再搓成24cm的棒狀、然後冷凍。隨時注意勿含入空氣，如果麵團變黏，就先用保鮮膜包起，放入冰箱冷藏鬆弛。

3 把捲軸薩布雷成型。在剩餘的薩布雷麵團1/3混入切細的甜巧克力，搓成長18cm的棒狀。把剩餘的含可可的薩布雷麵團2/3擀成18×8cm的長方形（**照片4**），用毛刷在全體抹上薄薄一層蛋白。把棒狀的麵團從面前捲起（**照片5**），緊緊封住接縫（**照片6**），輕輕滾動做成20cm的棒狀、然後冷凍。

4 手掌抹上少許蛋白，並抹在**2**、**3**，放在攤平的細砂糖上滾動，均勻薄薄沾上。

5 用刀切成8mm～1cm厚，在鋪烤紙的烤盤上取適當間隔排列。

6 放入已預熱180℃的烤箱烘焙12～14分鐘。

1 把可可麵團均勻捲入。用力捲緊以免有空洞。

2 在此階段還有一個漩渦的圖案。

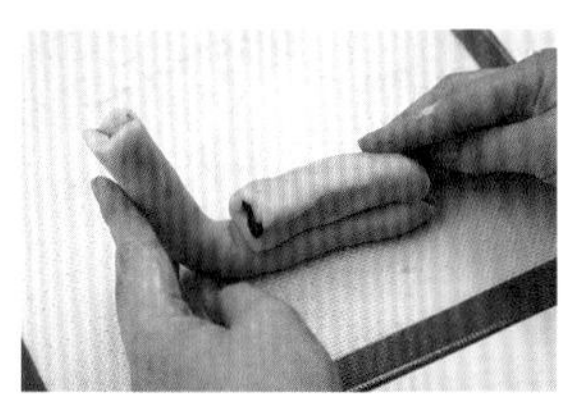

3 每折一次圖案就變細。摺疊後貼緊再搓成棒狀。

4 加入切碎的巧克力，不易成型，但注意勿含入空氣做成棒狀。可可麵團的厚度要均一。

5 緊緊捲起使其緊貼。

6 接縫處的可可麵團不要太薄或太厚。

●●材 料●● 約45片份

薩布雷麵團

糖粉	35g
低筋麵粉	70g
杏仁粉	20g
無鹽奶油	45g
牛乳	10g

含可可的薩布雷麵團

糖粉	17g
低筋麵粉	35g
杏仁粉	10g
可可	7g
無鹽奶油	22g
牛乳	8g
甜巧克力（可可成分60%左右）	20g
蛋白	適量
細砂糖	適量

正式的禮物
用禮盒來包裝

把乾燥劑放入有底的袋子，把餅乾的表面朝向外側，仔細裝入，排除空氣，反摺確實封口。在禮盒中混裝2～3種餅乾就顯得豪華。如果有空隙就填入襯紙，以免晃動。

3 變薄就容易折斷，因此擠出均一的厚度。

1 把波浪形金屬花嘴鋸齒的那面朝上，金屬花嘴對準烤紙擠出波浪狀。

4 用綠色當作重點裝飾。也可放上杏仁等其他堅果。

2 僅一半斜向沾上，剩餘部份留多一點。

●● 材 料 ●● 約12片份

薩布雷麵團

無鹽奶油	35g
糖粉	30g
牛乳	15g
檸檬皮泥	少量
榛果粉（或杏仁粉）	15g
低筋麵粉	40g
玉米粉	10g
巧克力醬（甜）	適量
開心果（切粗）	適量

●● 作 法 ●●

1 製作薩布雷麵團。無鹽奶油恢復室溫，用打蛋器攪拌混合，加糖粉攪拌混合。不要過度混合而含入空氣。
2 加入牛乳、檸檬皮泥、榛果粉，用打蛋器攪拌混合。混合後拿掉打蛋器。
3 混合低筋麵粉與玉米粉過篩加入，粉味消失後再用橡皮刮刀攪拌混合。注意如果混合不足，烘焙後可能會塌陷。
4 裝入套有2mm寬波浪金屬花嘴的擠花袋，在鋪烤紙的烤盤上取適當間隔擠出波浪狀（**照片1**）。
5 放入已預熱180℃的烤箱烘焙12～14分鐘。
6 把巧克力醬（參照11頁）隔水加熱溶化，沾上放冷的薩布雷，抖掉多餘份量（**照片2**），排在烤紙上，放入冰箱冷藏冷卻。
7 把檸檬薩布雷用星形金屬花嘴擠出8～10cm長的波浪狀（**照片3**），撒上開心果碎片（**照片4**），放入已預熱180℃的烤箱烘焙10分鐘。

呈現美味包裝

Wrapping

當作小禮物回送，可愛又雅緻

容易破碎的餅乾，把乾燥劑放在透明盒的底部，把表面朝向外側小心裝入。裝太滿會不易取出，請注意。裝入OPP袋打摺，用金繩綁起，繫上緞帶。不想太招搖時，就用可愛的包裝紙包起來送人。

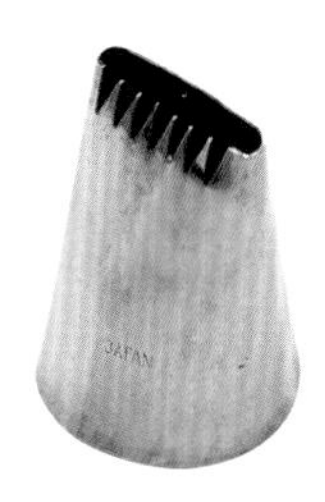

這是波浪形金屬花嘴。有鋸齒的刀嘴。

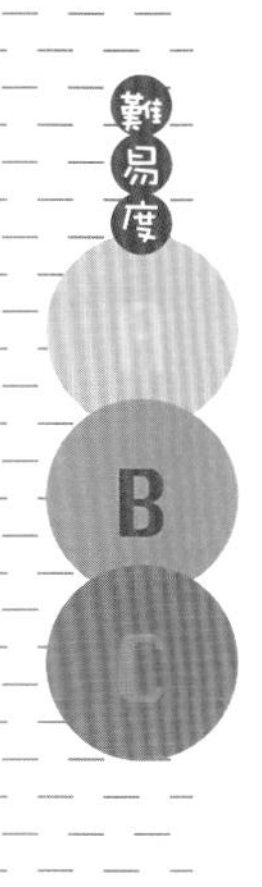

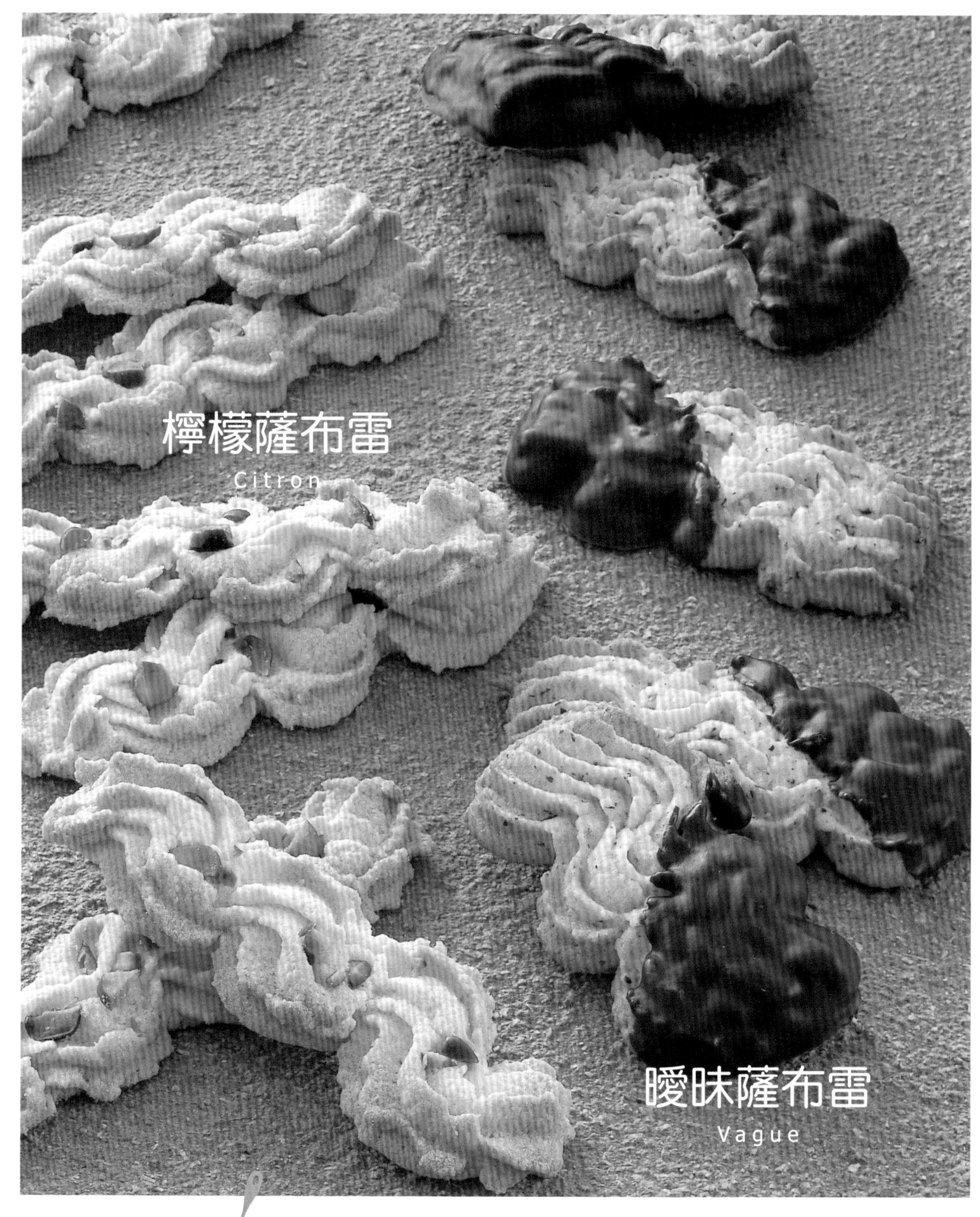

擠出有堅果與檸檬微微香氣的餅乾

含玉米粉的麵團，酥鬆輕盈的口感為其特徵。如果粉類混合不足，或烘焙的溫度太低，波浪圖案就會變形。曖昧薩布雷也可以不沾巧克力，僅撒上堅果。檸檬薩布雷烤到中心稍為殘留白色的程度，開心果的綠色才不會褪色。

組合不同的口感與相配的風味

在咖啡風味的薩布雷麵團中央放上可可胚乳醬材料。鬆散的薩布雷配上可可胚乳醬的酥脆口感非常美味，外觀也出現變化。用相同麵團包起堅果而成的胡桃薩布雷是鬆散的口感，可利用咖啡薩布雷剩下的麵團來製作，不會浪費。

胡桃咖啡薩布雷

●●材 料●● 約12～15個份

咖啡薩布雷剩下的麵團
胡桃……約12～15個
和三盆糖……適量

＊可使用蔗糖、楓糖粉末來代替和三盆糖。

●●作 法●●

1 把咖啡薩布雷剩下的麵團搓成1cm厚的長方形，用保鮮膜包起放入冰箱冷藏1小時使其鬆弛。
2 把**1**的麵團切成一個5～6g的長方形（**照片1**），把胡桃壓入整理成型（**照片2**）。在鋪烤紙的烤盤上取適當間隔排列。
3 放入已預熱180℃的烤箱烘焙12～15分鐘。冷卻後撒上和三盆糖（**照片3**）。

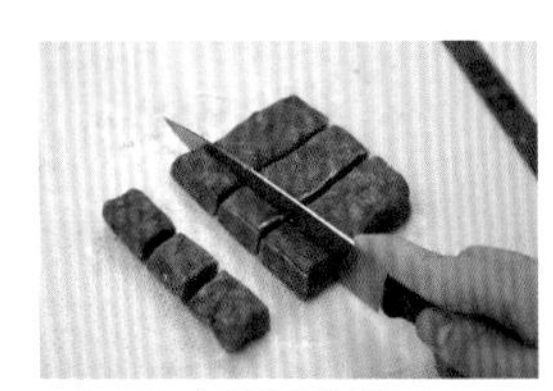

1 大小儘量整齊。

2 只要以胡桃不脫落的程度填入即可。在此階段也可冷凍。

3 充分冷卻後再裝入塑膠袋沾糖。

和三盆糖．蔗糖．楓糖

和三盆糖（右）非常纖細，有高雅的風味。如果沒有，蔗糖（中）或楓糖（左）等有風味的砂糖比白糖粉更適合咖啡風味。但粒子粗，不易撒上，因此挑選顆粒細一些的。

如果是送給能立即品嚐的人，簡單包裝即可

像胡桃薩布雷般不易破碎的餅乾，適合以簡單的包裝輕便送人。如果當做小禮物以簡單的感覺輕鬆品嚐，裝入OPP袋封口，繫上可愛的軟絲帶即可。

咖啡薩布雷

●●材 料●● 約12片份

薩布雷麵團
糖粉……35g
低筋麵粉……60g
杏仁粉……30g
無鹽奶油……40g
全蛋……10g
即溶咖啡（粉末）……4g
水……5g

可可胚乳醬
無鹽奶油……5g
水……5g
砂糖……10g
低筋麵粉……4g
可可……1g
烘烤可可胚乳……5g
塗裝用蛋汁（參照10頁）……適量

●●作 法●●

1 參照44頁的鑽石薩布雷的**1**～**4**製作薩布雷。在此淋入混合全蛋與用水溶化的即溶咖啡來代替牛乳。
2 把薩布雷麵團揉成一團，裝入塑膠袋在冰箱冷藏1小時以上使其鬆弛。
3 輕輕撒上麵粉（份量外），用擀麵棍擀成4～5mm厚。用有洞的模具來壓模，在鋪烤紙的烤盤上取適當間隔排列，放入冰箱冷藏。剩下的麵團用來做胡桃薩布雷。
4 製作可可胚乳醬。把無鹽奶油在微波爐加熱融化，依序加水、砂糖，用打蛋器攪拌混合。篩入低筋麵粉與可可混合，再混合烘烤可可胚乳。
5 塗蛋汁（參照10頁）。用毛刷在**3**的上面均勻塗上蛋汁（**照片1**）。
6 把可可胚乳醬裝入塑膠製的擠花袋，尖端稍微剪去。一點一點少量擠入薩布雷的洞內（**照片2**）。也可用湯匙舀入。如果麵團變硬不好擠，以隔水加熱稍微提高溫度就容易擠出。
7 放入已預熱180℃的烤箱烘焙10～12分鐘待出現烤色。

1 全面塗滿，注意不要漏掉。把毛刷躺平輕輕塗抹。

2 可可胚乳醬太多會溢出，因此能填補空洞的程度即可。

●●材 料●●

底部直徑12cm、上徑14cm的底盤
可卸下的派餅模具1個份

派皮
- 無鹽奶油……35g
- 糖粉……25g
- 蛋黃……1個份
- 香草油……2～3滴
- 低筋麵粉……60g

橘子皮（切碎）……30g

焦糖牛軋糖
- 無鹽奶油……15g
- 砂糖……15g
- 蜂蜜……10g
- 鮮奶油……10g
- 杏仁片……30g

●●作 法●●

1 參照28頁製作派皮。
2 在半量麵團邊撒上麵粉（份量外），邊用擀麵棍擀成直徑14cm，蓋在模具上。用手指壓底與角使其緊貼。側面有1cm的高度即可。
3 用叉子在整個底部戳洞，撒上橘子皮（**照片1**）攤平，放入冰箱冷藏。
4 把剩下的派皮擀成直徑13cm，蓋在**3**的上面（**照片2**）。用手指按壓邊緣使其緊貼，整平。
5 用叉子在全體戳洞，覆蓋保鮮膜放入冰箱冷藏1小時使其鬆弛。
6 放入已預熱180℃的烤箱烘焙15分鐘，使全體出現8分程度的烤色。（**照片3**）。
7 在烘焙中製作焦糖牛軋糖。把無鹽奶油、砂糖、蜂蜜、鮮奶油放入小鍋，開中火煮，用木杓邊攪拌邊加熱，煮到全體出現淡茶色就熄火（**照片4**）。加入杏仁片裹上。
8 趁熱把**7**放在烘烤好的**6**上，用叉子背攤開弄平（**照片5**）。如果會黏在叉子上，就把叉子沾水。
9 放入已預熱180℃的烤箱烘焙15～20分鐘，烤到全體出現烤色。
10 放置數分鐘，待表面不沾黏後，倒扣在工作台上從模具取出。趁熱切成8等分（**照片6**），翻過來冷卻。

1 在全體撒上，均勻攤平。

2 橘子皮變成被派皮夾起的狀態。接著，戳洞製作空氣洞。

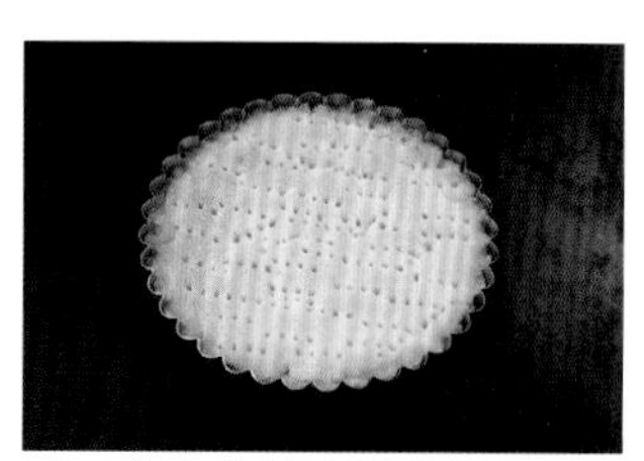

3 放上焦糖牛軋糖後，烘焙時火就不易滲透，故在此必須烤到8分熟。

4 注意顏色不要煮太深。

5 均勻攤平。如果厚度不一，烤色就會不均勻。

Point!

趁熱
從背面切

6 冷卻凝固後就不易從模具取出，而且凝固後再切就會裂開，因此必須趁熱切開。但如果剛烤好就翻過來，焦糖牛軋糖會脫落，因此放置到不沾黏再切。如果從表面切，杏仁會陷入而切不順暢，因此從背面較容易切入。

難易度
B

橘子酥餅

Florentin Orange

在夾橘子皮的2片派皮，重疊杏仁的焦糖牛軋糖。有厚度的派皮鬆散，焦糖牛軋糖酥脆芳香，有如接近派餅、半生餅乾般的口感。把原本四角形的酥餅改以圓形的派餅模具來製作，不會出現碎片，能簡單製作。

重疊冷凍派皮與奶油派皮來創造新的口感

難易度 A B C

本來是把沾砂糖的冷凍派皮扭起來烘焙的棒狀鬆餅，現在加入奶油派皮來烘焙。在2種派皮中間的口感，添加堅果與細砂糖的香味，最後淋上糖衣，美味到讓人停不下口。

Wrapping 呈現美味包裝

容易折斷的餅乾就裝入塑膠盒

容易折斷的長棒狀餅乾，裝入透明的塑膠盒。先鋪乾燥劑，再1條1條小心裝入。裝太緊會破碎，而且不易取出，請注意。貼上固定蓋子的膠帶，把接縫處稍微反摺就方便撕開。

●●材 料●● 約16～18支份

冷凍派皮（冷藏解凍）	100g
奶油派皮或巧克力奶油派皮	65g
杏仁粒	適量
細砂糖	適量
裹衣	
糖粉	30g
水	約5g

＊奶油派皮參照28頁製作，使用約半量。如果是巧克力奶油派皮，就是把低筋麵粉55g加可可10g混合而成。

●●作 法●●

1 在解凍的派皮邊撒上麵粉（份量外），邊用擀麵棍擀成12×33cm。奶油派皮（巧克力奶油派皮）則擀成12×22cm。

2 把冷凍派皮與奶油派皮的面前對齊重疊。從對面一側摺1/3。

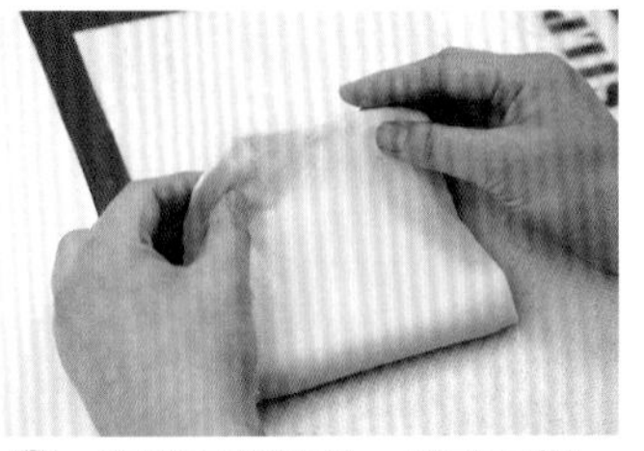

3 也從面前摺疊，形成三摺。用擀麵棍按壓使其緊貼。

4 擀成厚度均一的10×24cm的長方形，撒上杏仁粒、細砂糖，用擀麵棍按壓使其緊貼。翻過來另一面也同樣撒上，覆蓋保鮮膜在冰箱冷藏1小時以上使其鬆弛。

5 橫切一半（10×12cm）。上下稍微切掉一點弄齊，然後切成1.2cm寬。

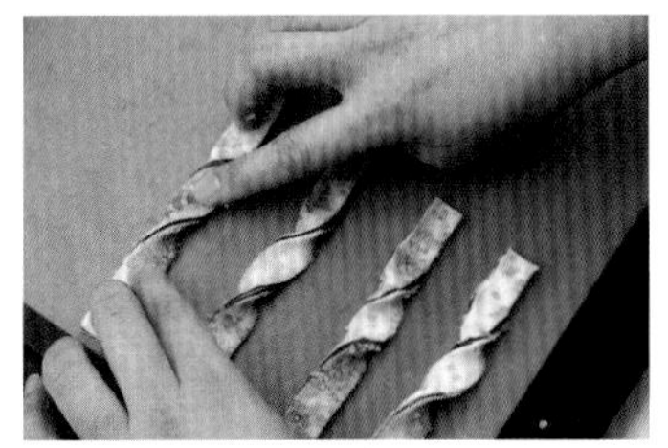

6 扭2次排入烤盤，壓緊兩端與中央。如果不壓緊，在烘焙中就會翻轉或彎曲。

7 放入已預熱190℃的烤箱烘焙15～17分鐘，確實烘烤到出現烤色。

8 用水溶化糖粉來製作糖衣。用湯匙滴在烘烤好的棒狀鬆餅上，放入餘溫180℃的烤箱烘焙1分鐘使其乾燥。當糖衣開始冒泡就馬上從烤箱中取出。

以麵料的狀態保存也沒問題
糕餅甜點的冷凍保存

吃不完時最好是冷凍保存。以麵料的狀態也可冷凍的素材製作，在自己想吃的時候就能烘焙，作業繁複的糕點也能分開製作。但不要放太久，以免冷凍過度或沾上氣味，保存期間以2～3週為原則。

烤好的糕點緊緊包覆起來冷凍

蛋糕麵糊本身不能冷凍，但烘烤好的蛋糕卻適合冷凍。此外，89頁的雷歐尼·達科塔等以霜飾或奶油修飾而成的蛋糕，可先烘焙好麵糊冷凍保存。

用保鮮膜緊緊包起，再裝入塑膠袋、排除空氣，冷凍時注意不要沾上氣味。以包起來的狀態在冰箱的冷藏庫或室溫解凍。

作業繁複的半生蛋糕，也可以麵糊的狀態先烤好，修飾就很快。

蛋糕切片後再冷凍，想一片一片吃時就很方便。

成型後冷凍就能很快烘焙

派餅的奶油派皮或油酥派皮，以塊狀或鋪入模具的狀態，或放上杏仁奶油餡的狀態均可冷凍。在冰箱的冷藏庫解凍（小麵皮以冷凍的狀態也可以）後，放上頂飾就能直接烘焙，因此如果沒有時間或想快點烤好時很方便。

課程3的薩布雷類、80頁的薄脆小甜餅，成型後也能冷凍。以冷藏解凍的狀態或切開來烘焙。冷凍保存時，均必須緊緊密封。

以塊狀冷凍派餅麵皮。

也可鋪入模具後冷凍。

藉由冷凍的技術，隨時都能品嚐到剛出爐的薩布雷類。

Leçon 4

貴婦的小西點
一口小西點

烤色濃烈、裝飾華麗，做成一口大小

往昔是為了不讓貴婦擔心口紅，能高雅的一口吃下而設計出這種尺寸，任何糕點只要做成一口大小，就變成所謂的一口小西點！在此介紹混合奶油或霜飾而成的半生類型。以相同的麵團、奶油，能享受各式各樣裝飾的樂趣。

準備各式種類，做成濃烈色調的一口小西點，最適合當作飯後搭配咖啡的甜點，或是成人的下午茶派對。

纖細薄口感的細薄餅乾，是用杏仁與紅色果醬來裝飾，再夾入霜飾的杏仁餅乾。公主餅乾是同樣夾霜飾的細薄餅乾，僅一半塗裝巧克力醬來修飾。

公主餅乾

●●材　料●●約20個份

細薄餅乾麵糊……與杏仁餅乾一樣
堅果糖霜飾……與杏仁餅乾一樣
巧克力醬（甜）……適量

●●作　法●●

1 把麵糊裝入套有8mm圓形金屬花嘴的擠花袋，在烤紙上擠出4cm的棒狀（**照片1**）。
2 放入已預熱180℃的烤箱烘焙8～10分鐘，冷卻。
3 分別夾入堅果糖霜飾2g（**照片2**）。排在盤上，放入冰箱冷藏使霜飾凝固。
4 最後修飾。把巧克力醬隔水加熱溶化。散熱後把**3**斜向沾上一半左右來塗裝。充分抖掉多餘份量，排在烤紙上冷卻凝固（參照11頁）。在冰箱冷藏保存，完成後2～3天最好吃。要吃時稍微恢復常溫。

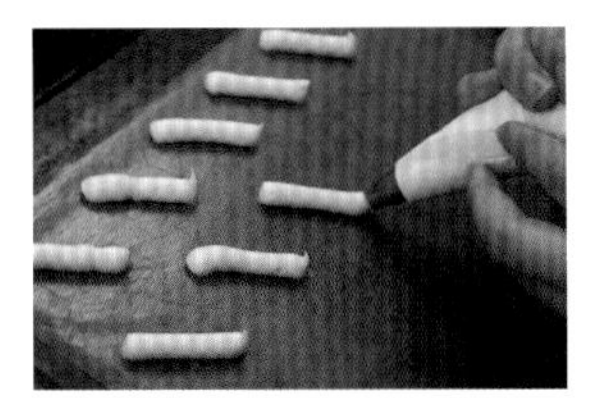

1 取適當間隔擠出相同長度、粗細。

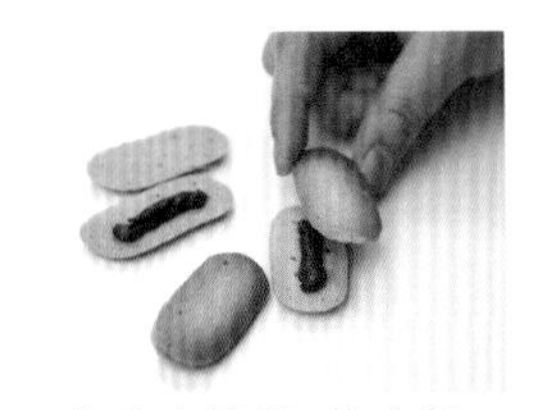

2 在中央擠出1條夾起。也可用湯匙放上。

呈現美味包裝

裝入精美禮盒
變得像珠寶箱！

把數種一口小西點放在紙墊上，裝入精美禮盒。用紙墊來固定就不會散亂，更可提升高級感！

杏仁餅乾

●●材　料●●約20個份

細薄餅乾麵糊
　無鹽奶油……35g
　糖粉……40g
　蛋白……25g
　低筋麵粉……40g
杏仁粒……適量
覆盆莓果醬……適量
堅果糖霜飾
　牛奶巧克力……50g
　鮮奶油……25g
　無鹽奶油……10g
　杏仁堅果糖泥（市售品）……10g

●●作　法●●

1 製作細薄餅乾麵糊。無鹽奶油恢復室溫，用打蛋器攪拌混合成乳脂狀。依序加入糖粉、蛋白，混合。僅混合即可。
2 篩入低筋麵粉，用打蛋器攪拌混合。至粉味消失，全體變成柔軟的乳脂狀。
3 裝入套有8mm圓形金屬花嘴的擠花袋，在烤紙擠出長徑4cm的橢圓形（**照片1**）。
4 充分撒上杏仁粒（**照片2**），把烤紙傾斜抖掉多餘份量的杏仁粒。注意擠出的形狀不要歪斜。
5 放入已預熱180℃的烤箱烘焙9分鐘。在中央的凹部放上少量覆盆莓果醬（**照片3**），再烘焙2～3分鐘。冷卻。
6 製作堅果糖霜飾。把牛奶巧克力與鮮奶油放入微波爐加熱，開始煮沸就從微波爐取出。用打蛋器大致混合，做成柔軟的霜飾狀，加無鹽奶油融化。均勻混合杏仁堅果糖泥。過度混合會分離，請注意。
7 把**5**以2片為一組，把**6**裝入用完即丟的擠花袋，尖端稍微剪去，各擠出2g互相夾起。也可用湯匙放上。在冰箱冷藏保存，完成後2～3天最好吃。要吃時稍微恢復常溫。

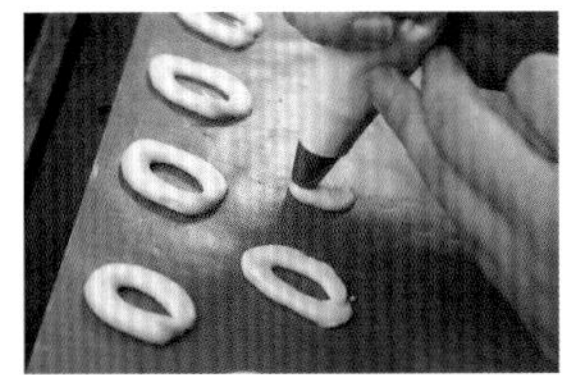

1 烘焙時會稍微擴散，因此要取適當間隔擠出。

2 撒多一點再抖掉多餘份量。

3 一開始就放上來烤會焦掉，因此中途再放上。

●●作 法●●

1 製作巧克力薩布雷。無鹽奶油恢復室溫，變成能揉開的軟硬度。用打蛋器攪拌混合，加入糖粉，混合。
2 加入蛋黃、牛乳、杏仁粉，以香草油、肉桂添加香味。混合後拿掉打蛋器。
3 混合低筋麵粉、可可、發粉過篩加入，用橡皮刮刀攪拌混合。
4 粉味消失後，把麵團揉成一團。
5 把麵團放在工作台上，邊撒上麵粉（份量外），邊搓成一團，用小刀切成20等份。如果麵團太軟就不易處理，可放入冰箱冷藏使其緊縮凝固。
6 把麵團揉成一團壓入小塔餅模具，在中央弄凹（**照片1**）。船形餅乾模具先弄成棒狀再填入。
7 放入已預熱180℃的烤箱烘焙15分鐘，出爐後冷卻（**照片2**）。
8 製作巧克力奶油餡。把甜巧克力隔水加熱溶化。鮮奶油打發6分，在熱巧克力加入半量，用打蛋器大致混合。變成柔軟的霜飾狀就加入剩下的鮮奶油混合，放入冰箱冷藏到能擠出的軟硬度。
9 把覆盆莓果醬一點一點放入**7**的中央。
10 把**8**裝入套有8mm圓形金屬花嘴的擠花袋，圓的擠成圓頂形，長的擠成3座山峰形。冷凍到表面凝固（**照片3**）。
11 把巧克力醬隔水加熱溶化，散熱，僅塗裝在巧克力奶油餡上（**照片4**、參照11頁）。充分抖掉多餘份量後，排在盤上冷卻使其凝固。用金箔或裝飾糖來裝飾（**照片5**）。在冰箱冷藏保存。如果想品嚐巧克力薩布雷的濕潤感，就隔天再食用。

1 中央會隆起，因此輕輕按壓弄凹。

2 從模具取出冷卻。剛烤好時非常酥脆。

3 冷凍到沾上巧克力醬也不會溶化的程度。

4 倒過來沾上。巧克力醬太熱就會溶化，因此稍微冷卻再做。

5 可改為開心果等堅果來做頂飾。

5cm的小塔餅模具10個份，
與8cm的船形餅乾模具10個份

難易度 A B C

巧克力薩布雷
- 無鹽奶油……35g
- 糖粉……25g
- 蛋黃……1個份
- 牛乳……10g
- 杏仁粉……15g
- 香草油……2～3滴
- 肉桂……少量
- 低筋麵粉……60g
- 可可……5g
- 發粉……1g

巧克力奶油餡
- 甜巧克力（可可成分55%）……50g
- 鮮奶油……100g

覆盆莓果醬……適量
巧克力醬（甜或牛奶巧克力）……70g
金箔、裝飾糖……各適量

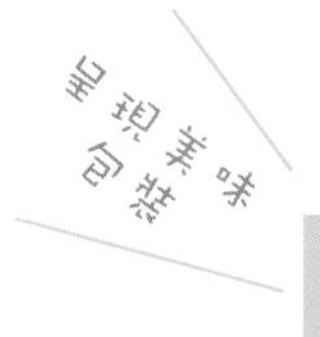

Wrapping

可當作情人節禮物

放入巧克力墊，裝在簡單的塊菌盒，可當作有成熟大人味的情人節禮物。在寒冷的季節拎著走也不必擔心太過寒酸。

以模具變成現代風格

小塔餅模具
矽膠製船形餅乾模具

使用與松果塔餅（參照37頁）一樣的小塔餅模具。船形餅乾模具使用矽膠製，但金屬模具也可以。二種模具都不需要事前作防沾黏準備。

以烏賊墨色來美麗塗裝

巧克力塔

Tarte au Chocolat

夾入覆盆莓果醬作為重點，把軟式的巧克力薩布雷以巧克力奶油擠在小塔餅上。擠出的形狀直接成為裝飾。塗裝用的巧克力醬，黑色略帶苦味，牛奶巧克力較柔和。依個人喜好來選擇。

把標準的烤糕點做成一口大小

把簡單的貝型蛋糕做成小尺寸，變成與原本不同的風味。薑味貝型蛋糕是用檸檬皮與生薑等重口味作為重點。咖啡貝型蛋糕則是濃厚的成人味。葉型派讓撒上的細砂糖焦糖化，確實烘烤到連裡面都發出香味為其要點。

葉型派

●●材 料●● 約15片份

冷凍派皮（5mm厚左右）……1片（100g）
細砂糖……適量
肉桂……適量

●●作 法●●

1 用直徑4cm的菊花模具來按壓解凍的派皮（**照片1**）。攤在細砂糖上，用擀麵棍擀成縱長，翻面再擀成縱長（**照片2**）。排列在烤紙上，覆蓋保鮮膜放入冰箱冷藏30分鐘以上鬆弛。
2 用切派刀或小刀劃上葉脈（**照片3**）。
3 依個人喜好在全體輕輕撒上肉桂。放入已預熱190℃的烤箱烘焙12～15分鐘待出現烤色。在陰涼處保存，烘烤完成後2～3天最好吃。

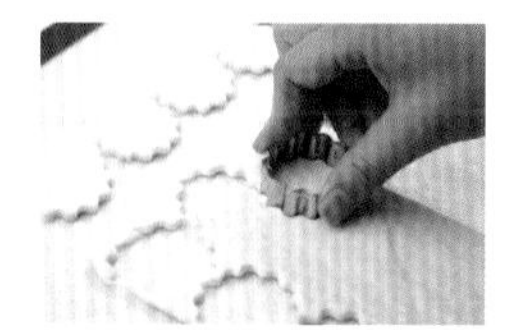

1 在室溫下派皮容易融化，動作要迅速。

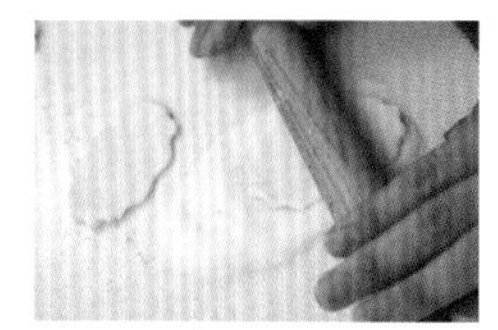

2 灑上細砂糖後輕輕地擀開派皮，注意不要過薄。

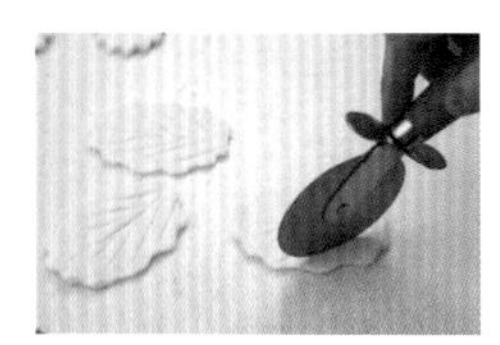

3 預留邊緣畫上葉脈的紋路，注意不要切斷。

呈現美味包裝

Wrapping 想呈現可愛的型狀 就用縱裝&緞帶

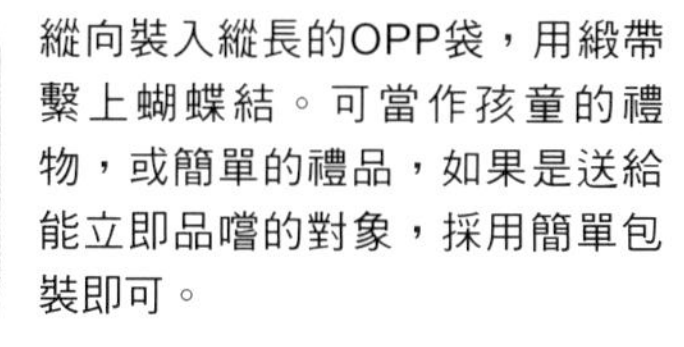

縱向裝入縱長的OPP袋，用緞帶繫上蝴蝶結。可當作孩童的禮物，或簡單的禮品，如果是送給能立即品嚐的對象，採用簡單包裝即可。

以模具變成現代風格

小貝型蛋糕模具

貝型蛋糕模具有各種大小、形狀。小型模具注意過度烘焙。做好事前準備，就能漂亮整齊的從模具取出。

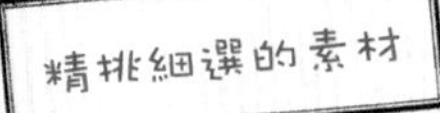

生薑・檸檬

生薑能扮演凝聚爽口的檸檬風味的角色。最好使用生的，風味才自然。檸檬僅磨表皮的黃色部份來使用。

薑味貝型蛋糕（咖啡）

●●材 料●●
長6cm的貝型蛋糕模具15個份

全蛋……1個
砂糖……30g
檸檬皮泥……1/2個份
生薑泥……5g
低筋麵粉……40g
發粉……1g
無鹽奶油……40g
蜂蜜……15g

*咖啡貝型蛋糕是把砂糖改為楓糖30g，把檸檬皮與生薑改為即溶咖啡粉3g加入來製作。

●●前置作業●●

參照40頁，用毛刷把融化的無鹽奶油均勻塗在模具的內側，放入冰箱冷藏冷卻。撒上高筋麵粉或低筋麵粉，充分抖掉多餘的麵粉，放入冰箱冷藏。

●●作 法●●

1 全蛋打散後加入砂糖，隔水加熱，用打蛋器攪拌混合，變成插入手指感覺溫熱的程度就移開，再打起泡到全體冒泡。
2 加檸檬皮與生薑泥，大致攪拌混合。混合低筋麵粉、發粉過篩加入，用打蛋器混合到粉味消失。
3 在微波爐融化的無鹽奶油，加入蜂蜜混合，用橡皮刮刀充分攪拌混合。覆蓋保鮮膜放置30分鐘使其鬆弛。
4 把麵糊倒入模具8分滿（**照片1**），放入已預熱180℃的烤箱烘焙12～14分鐘（**照片2**）。冷卻後裝入塑膠袋在陰涼處保存，烘烤完成後2～3天最美味。

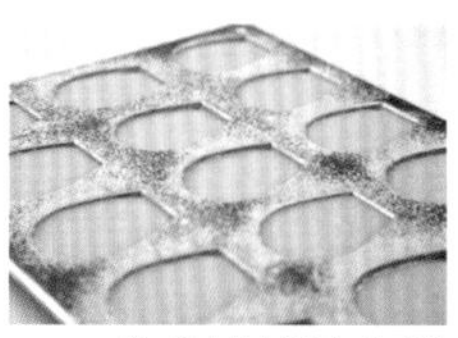

1 考慮烘烤時會膨脹，麵糊倒入少一點。

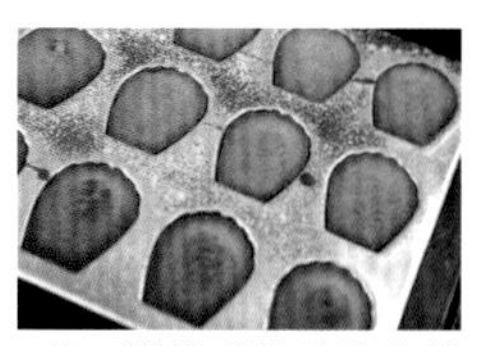

2 烘烤成美味的金黃色。

把柑橘甜露酒做為奶油的隱藏味

榛果薩布雷 Noisette

含榛果的薩布雷麵團比較不甜，鬆綿而芳香，與堅果糖奶油非常相配。以能烘烤成有濃色光澤的塗蛋汁效果來倍增高級感。

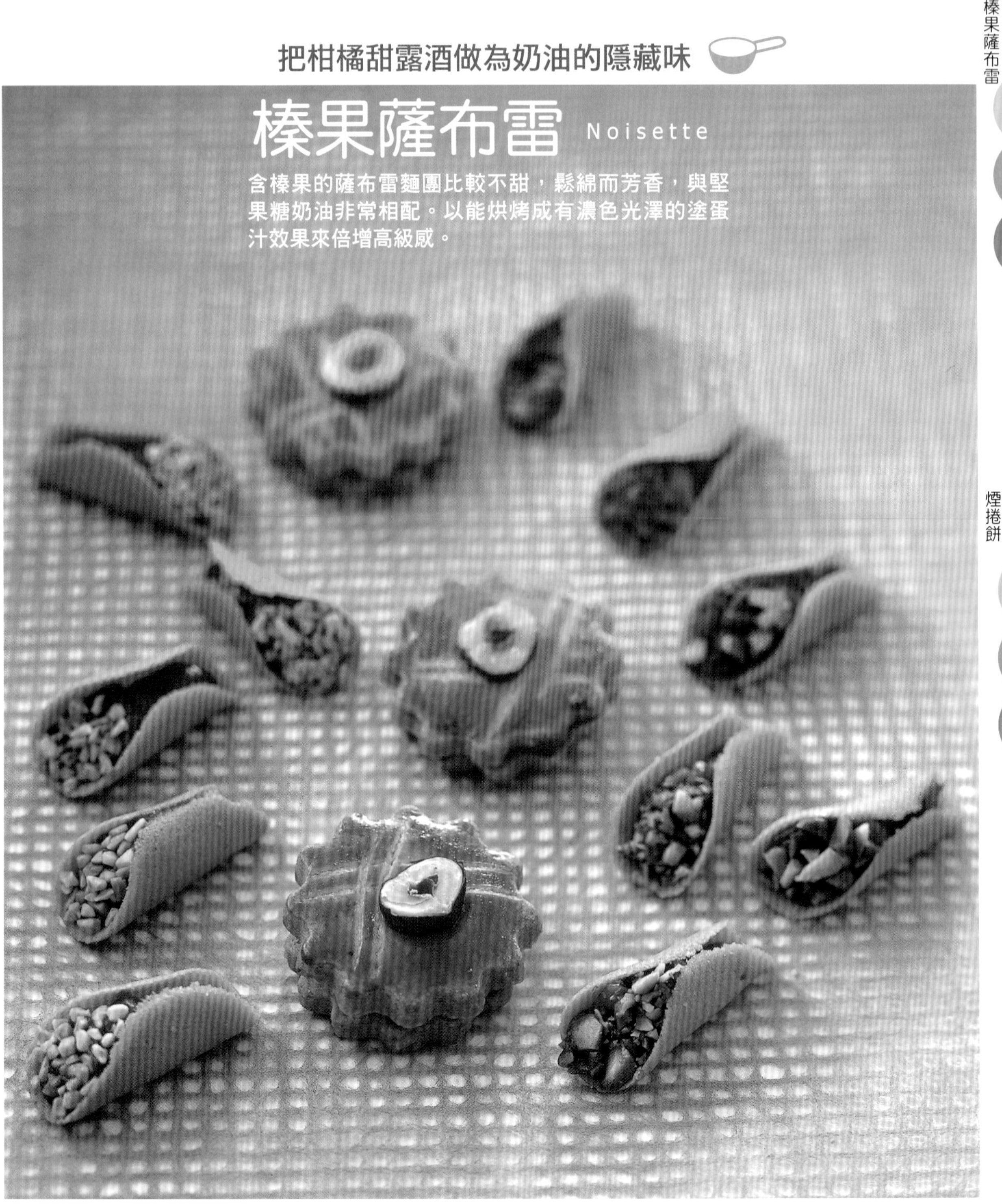

榛果薩布雷 難易度 A B C

煙捲餅 難易度 A B C

在纖細的煙捲中填入柔軟的霜飾

煙捲餅 Cornet

把剛烘烤好的煙捲餅趁熱填入捲餅模具捲起。很快會冷卻凝固，因此動作要快！填入霜飾後，趁有溼氣時早點品嚐。堅果不僅能使色彩繽紛，也可當作蓋子。

棒果薩布雷

●●材 料●● 約15個份

薩布雷麵團
- 糖粉……35g
- 低筋麵粉……100g
- 榛果粉……25g
- 無鹽奶油……65g
- 全蛋……15g

用咖啡著色的塗裝用蛋汁（參照10頁）……適量

榛果（切半）……8個

堅果糖奶油餡
- 無鹽奶油……30g
- 糖粉……10g
- 杏仁堅果糖泥（市售品）……10g
- 柑桔甜露酒……5g

●●作 法●●

1 參照44頁，使用榛果粉來代替杏仁粉，使用全蛋來代替牛乳製作薩布雷麵團。
2 用塑膠袋包起，在冰箱冷藏1小時以上使其鬆弛。
3 輕輕撒上麵粉（份量外），用擀麵棍擀成3mm厚。用直徑4cm的菊花模具按壓30片，在鋪烤紙的烤盤上取適當間隔排列。
4 用毛刷把以咖啡著色的蛋汁塗上。
5 用竹籤描繪圖案。半數放上榛果（**照片1**）。
6 放入已預熱180℃的烤箱烘焙12～14分鐘，出爐後冷卻。
7 製作堅果糖奶油餡。混合無鹽奶油，依序加入糖粉、杏仁堅果糖泥、柑橘甜露酒，攪拌混合成柔軟狀。
8 把2g的**7**放在沒有沾榛果的薩布雷背側，蓋上沾有榛果的薩布雷（**照片2**）。在冰箱冷藏冷卻使奶油凝固。可於冰箱冷藏保存，完成後2～3天最好吃。要吃時稍微恢復常溫。

精挑細選的素材

榛果
柑橘甜露酒

有獨特風味的榛果（前面是球狀、左邊是粉狀），與柑橘甜露酒非常相配。但容易氧化，因此趁新鮮使用。也可冷凍保存。

以改變尺寸 來調配種類

夾葡萄乾式

切成長7cm的長方形，同樣烘焙後多夾一些奶油。也可連同切碎的橘子皮一起夾入。

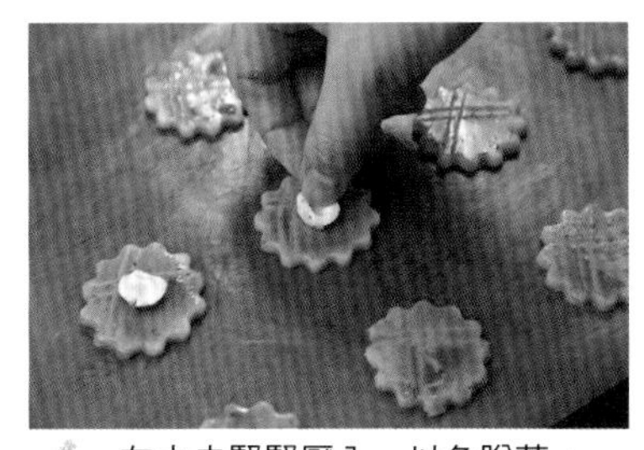

1 在中央緊緊壓入，以免脫落。

2 以奶油不溢出的程度來按壓夾起。

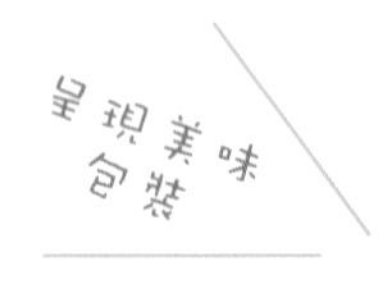

Wrapping

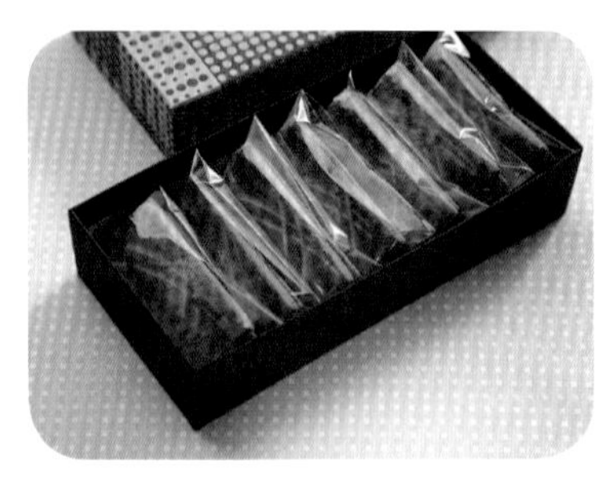

必須冷藏的餅乾要確實裝盒

製作大型的榛果薩布雷，用OPP袋分開個裝。不需要乾燥劑。把襯墊裝入盒內來包裝就不必擔心晃動。因有夾入奶油，故須裝在冷藏也不會變形的堅固盒內來送人。

自製的挖洞紙板・捲餅模具

挖洞紙板是用厚2～3mm的厚紙板（也可把2張薄紙貼合），裁剪成直徑4cm的圓來自製。用完即丟。把派麵團或麵包麵團捲在外側來烘焙的捲餅模具，通常是使用內側來成形。

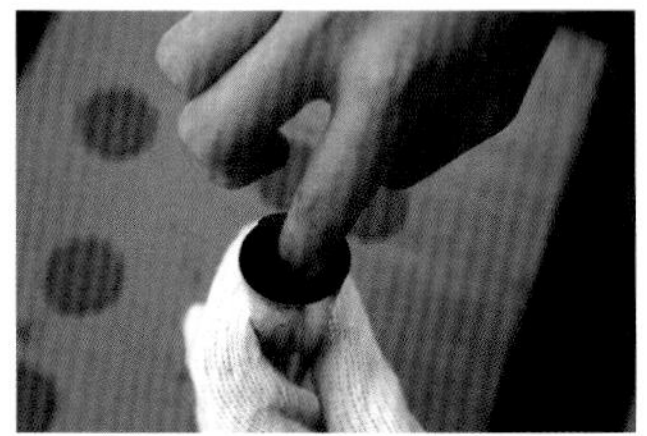

3 如果怕燙傷，可戴上厚棉工作手套或白手套。

1 使用挖洞紙板，就能使厚度均一。

4 壓在攤平的堅果上來沾附。

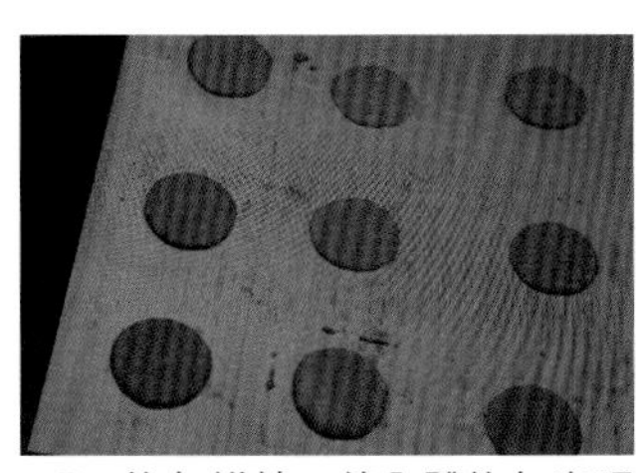

2 均勻烘焙，使全體均勻出現烤色。

煙捲餅

●●材 料●●

長4cm的煙捲餅約25個份

煙捲麵糊
- 無鹽奶油……15g
- 糖粉……20g
- 蛋白……20g
- 杏仁粉……5g
- 低筋麵粉……15g

堅果糖霜飾
- 牛奶巧克力……50g
- 鮮奶油……25g
- 無鹽奶油……10g
- 杏仁堅果糖泥（市售品）……10g

杏仁粒（炒到有顏色的程度）或開心果（切碎）……適量

●●作 法●●

1. 製作煙捲麵糊。把無鹽奶油恢復室溫，用打蛋器攪拌混合成乳脂狀。依序加入糖粉、蛋白，混合均勻。
2. 混合杏仁粉、低筋麵粉過篩加入，用打蛋器混合，使粉味消失，全體變成柔軟的乳脂狀。
3. 把準備好的挖洞紙板放在烤紙上，一點一點倒入麵糊，用小橡皮刮刀或奶油抹刀刮入（**照片1**）。輕輕拿掉挖洞紙板。
4. 放入已預熱180℃的烤箱烘焙7～8分鐘。烤到全體出現烤色（**照片2**），就用奶油抹刀取出，深深壓入捲餅模具的內側（**照片3**）。因很快凝固，要迅速成形。凝固後從模具取出，冷卻。
5. 製作堅果糖霜飾。混合牛奶巧克力與鮮奶油，在微波爐加熱，煮沸後就從微波爐取出。用打蛋器大致混合，做成柔軟的霜飾狀。趁熱加入無鹽奶油融化，再加杏仁堅果糖泥均勻混合。混合過度會分離，請注意。
6. 把**5**裝入用完即丟的擠花袋，尖端稍微剪去，分別擠出4g。放上杏仁粒或開心果（**照片4**），排在盤上，放入冰箱冷藏使霜飾凝固。完成當天最美味。

聖誕節慶的糕點

在聖誕夜的期待中慢慢享用

在歐洲等待聖誕節來臨前，有準備好糕點慢慢享用的習慣。這些糕點多半含有宗教性意義，似乎依國家或地方而各有其特色。

在德國的聖誕節市集，處處可見模仿耶穌基督模樣的甜麵包。據說當地人每天吃一片含多量水果烘焙的這種發酵麵包，等待著聖誕夜的來臨。

聖誕夜的豪華新鮮蛋糕最棒，把烤糕點當作聖誕禮物送人，或是自己慢慢享用都不錯。

把聖誕節布丁調配成蛋糕樣式

聖誕節水果蛋糕

Noël Kugelhupf

難易度

A

B

C

提到含多量水果的聖誕節水果蛋糕，就令人想到混合著比麵糊還多的餡料所蒸好的英國聖誕節布丁。因為很費工夫，而且日本人也不太熟悉，所以仍保有原本多量的水果，烘烤成蛋糕樣式。巧妙結合餡料夠份量的麵糊鬆散又滋潤，非常美味。

開洞蛋糕模具（大）

19頁的開洞蛋糕模具的大型版。中心有開洞，因此含奶油多的麵糊，或餡料多的麵糊也容易烤透是其優點。開口寬廣容易清理的類型較好用，與小型的一樣，模具做好事前防沾黏準備很重要。

以聖誕紅葉&金緞帶來呈現濃厚的聖誕氣氛

為避免風味散失，用保鮮膜緊緊包住，再用OPP紙從下方包起，用膠帶封口後，用稍粗的金緞帶繫上蝴蝶結。以聖誕紅葉等裝飾來呈現聖誕氣氛。

3 為使麵糊容易融合，可加入一半高筋麵粉。

1 加入蘋果會變淡，因此把砂糖炒濃來焦糖化。

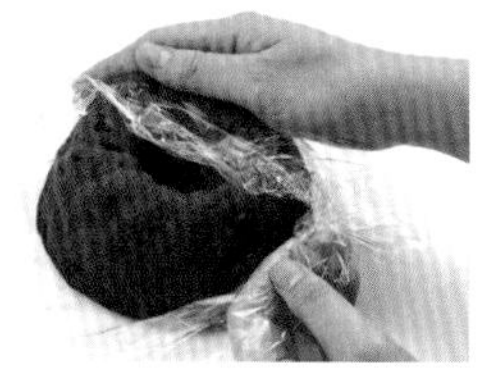

4 剛烤好時非常柔軟，因此小心從模具取出，冷卻後用保鮮膜包起。

2 蘋果或蘋果白蘭地的水份，使無花果、葡萄乾變軟而溼潤。

●●材 料●● 直徑15cm的水果蛋糕模具1個份

材料	份量
餡料	
蘋果（日本紅玉）	1個
砂糖	20g
肉桂	適量
無花果乾（白・縱切半，再切成5mm厚的片狀）	30g
蘭姆葡萄乾（市售品）	15g
蘋果白蘭地酒	15g
蛋糕麵糊	
無鹽奶油	50g
黑糖（粉末狀）	30g
三溫糖（紅砂糖）	30g
全蛋（恢復室溫）	50g
低筋麵粉	30g
高筋麵粉	30g
發粉	2g
裝飾糖	適量

●●前 置 作 業●●

參照40頁，用毛刷把融化的無鹽奶油均勻塗在模具的內側，在冰箱冷卻凝固。撒高筋麵粉或低筋麵粉，充分抖掉多餘的麵粉，放入冰箱冷藏。

●●作 法●●

1 蘋果削皮，切成5mm厚的銀杏葉形。用平底鍋把砂糖炒成焦糖色後，放入蘋果來炒。蘋果變軟就熄火，冷卻（**照片1**）。加入肉桂、無花果乾、蘭姆葡萄乾混合，淋上蘋果白蘭地酒。冷卻後表面覆蓋保鮮膜，在陰涼處放置一晚使其滲入（**照片2**）。
2 把無鹽奶油回溫軟化，用打蛋器攪拌混合成乳脂狀。把混合的2種砂糖分2～3次加入，每次加入就混拌均勻。
3 全蛋確實打散，分2～3次加入。
4 混合低筋麵粉、高筋麵粉、發粉過篩加入，用橡皮刮刀攪拌混合到粉味消失。
5 加入**1**混合（**照片3**），混合後倒入模具。烘焙時中央會隆起，因此把邊緣麵糊加高。
6 放入已預熱170℃的烤箱烘焙35～40分鐘。散熱後從模具取出，冷卻後用保鮮膜緊緊密封（**照片4**）。在冰箱冷藏保存，烘烤完成後3天到1週間最美味。可依個人喜好撒上裝飾糖。

蘋果白蘭地

用蘋果製作的白蘭地。除蘋果的糕點之外，和巧克力也很速配。

難易度 B

希望在禮物中增添香辛料風味的薩布雷

聖誕餅乾

Christmas Cookies

在歐洲的聖誕節，各地都會看到使用香辛料或蜂蜜做成的蛋糕或餅乾。德國的雷布克亨（聖誕節糕餅）就是其代表。在法蘭克福的聖誕市集，陳列許多用砂糖描繪圖案的各種形狀的雷布克亨。在此稍為壓低香辛料的香味做成薩布雷式。用自己喜愛的模具壓出形狀來製作也很有趣。

能連包裝一起裝飾在聖誕樹上

把金繩穿過餅乾，在OPP袋的底部打洞穿出金繩封口。這樣就不必擔心溼氣，或沾上灰塵！裝入籃子搭配禮物也很棒。

●●材 料●●

薩布雷麵團

- 糖粉……45g
- 低筋麵粉……60g
- 杏仁粉……30g
- 可可……2g
- 檸檬皮泥……1/4個份
- 肉桂、眾香子……各撒1次的程度
- 無鹽奶油……50g
- 全蛋……10g
- 蜂蜜……10g
- 香草油……適量

塗裝用蛋汁（參照10頁）……適量

胡桃、榛果、開心果、杏桃乾、醃櫻桃等自己喜愛的堅果與水果乾……適量

杏桃果醬（過濾型）……適量

裝飾糖……適量

*以上述的份量能製作心型大小各2個，普澤餅型3、4個。

●●作 法●●

1. 參照44頁，製作薩布雷麵團。在此是在粉類中加入可可、檸檬皮、香辛料，以全蛋代替牛乳，和蜂蜜、香草油混合後淋入。
2. 用塑膠袋包起，在冰箱冷藏1小時以上使其鬆弛。
3. 輕輕撒上麵粉（份量外），用擀麵棍擀成4～5mm厚。用自己喜愛的模具來按壓成型，在鋪烤紙的烤盤上取適當間隔排列。剩下的麵團各分成15g，做成普澤餅型（**照片1**、**2**）。
4. 用毛刷把蛋汁塗在用模具壓好的薩布雷麵團上（**照片3**）。輕輕壓上開心果以外的堅果類，用竹籤描繪圖案（**照片4**）。可用竹籤把洞挖稍大。
5. 放入已預熱180℃的烤箱烘焙12～15分鐘。
6. 把杏桃果醬在微波爐加熱化軟。用果醬貼上開心果與水果乾（**照片5**）。放入溫度仍180℃的烤箱烘焙2～3分鐘使其緊緊黏著（參照8頁）。
7. 用濾茶器或撒罐把裝飾糖撒在放涼的普澤餅上。

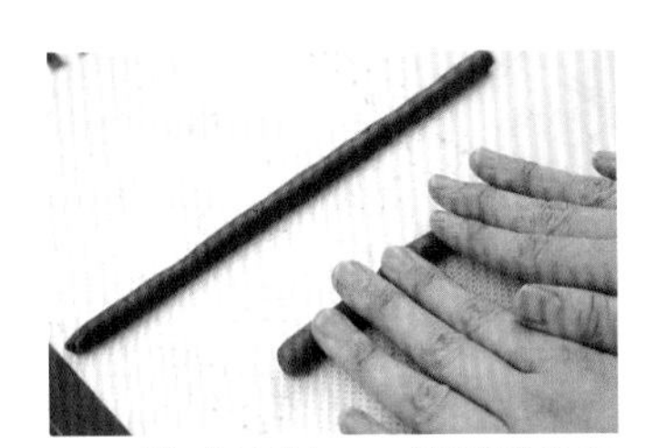

1 擀成長15cm。不易融合在一起，容易折斷，因此要小心。

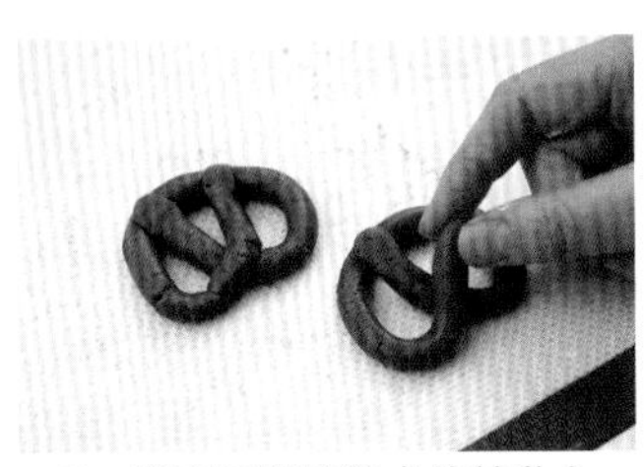

2 確實壓緊接縫處使其黏合。

3 全面均勻塗滿蛋汁。

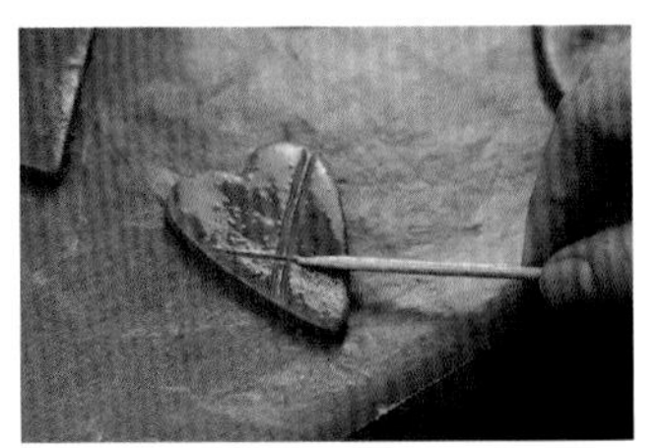

4 麵團不要刮太多，把竹籤躺平，以僅刮表面的感覺來描繪圖案。烘焙時會稍微膨脹，因此洞挖稍大一些。

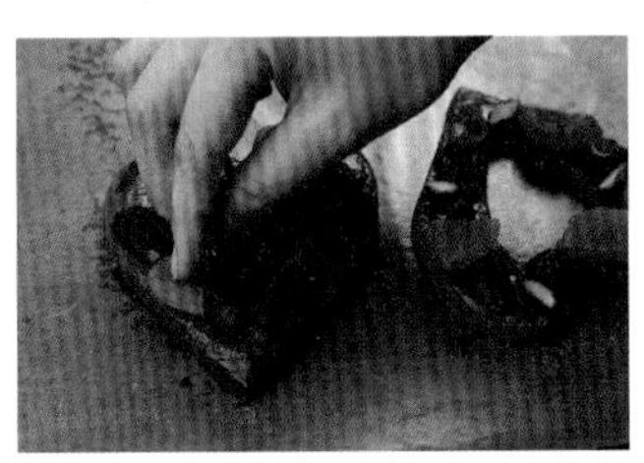

5 果醬要趁熱塗上，因此小心燙傷。

難易度 A B C

能食用的聖誕裝飾品

餅乾作成的家 薑餅屋

Hexenhaus

常在圖畫書中出現的薑餅屋。相信製作糕餅的人一定想親手做一次看看。在含香辛料的餅乾屋頂或牆壁，裝飾色彩繽紛的砂糖餅乾或巧克力，讓人眼花撩亂，不知該從何處吃起的就是薑餅屋……。

我最初前往進修的糕餅店，每年一進入12月，主廚就開始忙著準備製作薑餅屋。烘焙麵團用來當作各種零件，用蛋白霜黏合組裝，依序排列幾座。而且裡面還能裝入電燈泡，打開開關時，窗戶的玻璃紙就會閃爍耀眼光輝。每年主廚的技術與作業的效率都讓我吃驚而佩服不已，能從側面確實檢視這項作業！糕餅店在聖誕節是真正繁忙的時期，當這種薑餅屋點亮的時刻，讓人忘記疲勞或睡意（!?），心情霎時變得愉快。

我心想總有一天我也要做做看！終於在糕點教室第一次把我長久以來的夢想付諸實現。每年不斷翻新樣式，終於做出期盼已久能裝入電燈泡的大教堂，因此希望教給有意學習的人。為了讓人容易入口，改成減少香辛料量的可可餅乾麵團，用蛋白霜裝上纖細的冰柱，用稍大的金銀圓顆粒來裝飾。如果要吃，就在1週以內吃掉，如果只用來展示，可放上2～3個月。

對也想試試看的人，我建議從小尺寸做起。自己動手製作喜愛形狀的紙板，組裝起來就變成個人獨創的薑餅屋。請參考以下照片，務必挑戰看看。

各種零件。基座、牆壁、屋頂、煙囪、樹木、人、天使、圍籬。

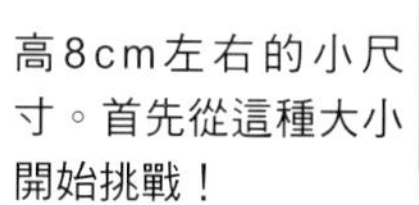

高8cm左右的小尺寸。首先從這種大小開始挑戰！

1 先把家屋組裝起來。把糖粉300g、蛋白40g搓揉混合而成的蛋白霜，用細的圓形金屬花嘴擠出來黏合。

2 用蛋白霜來沾黏屋頂的圖案或冰柱、樹木等零件，以圍籬圍起來。

3 用蛋白霜做好圖案後，撒上裝飾糖當作白雪，再用金銀圓顆粒來裝飾。

高50～60cm的特大型薑餅屋。曾在糕餅店展示。

盼望已久想造訪的法蘭克福聖誕市集。商店櫛比鱗次，人潮擁擠，非常熱鬧。夕陽西下後燈飾閃耀，非常美麗。

出售糕餅或熱葡萄酒等的店一家接著一家，處處可見雷布克亨。在心型描繪文字，用緞帶懸吊起來，不知是否要掛在脖子上？

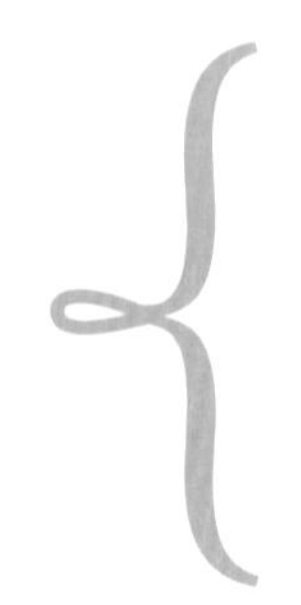

妝扮成看起來美味的禮物
包裝的要點

烤糕點不需太費心就能做成禮物為其魅力。如果要送給住在附近的對象，以簡單的包裝，附帶提醒最佳賞味期限。如果要送給遠方的對象，利用宅急便也能及時送達，同樣美麗又不失美味，但需要確實包裝。

糕餅的個別包裝也要確實

如果送的是餅乾類，最需要注意的是濕氣、破裂。最好裝在塑膠盒等，放入乾燥劑。為避免在盒內搖晃，儘量裝滿以免晃動。

蛋糕類為避免風味散失，用保鮮膜與袋子包二層。塔餅類用保鮮膜緊緊包裹，或用OPP紙包好裝盒，塞入襯墊以免晃動。用杏桃果醬修飾的糕點最好避免。

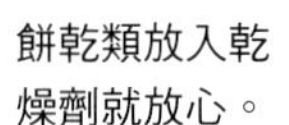

餅乾類放入乾燥劑就放心。

鋪上包裝紙來增添色彩。

不要塞太滿！以能取出的程度為原則。

贈送時確實包裝

以宅急便送達時，一打開，裡面的糕點已經散亂，你應該不希望對方收到時如此感到失望吧！稍微仔細確實的包裝。逐一用襯墊包好，儘量裝滿，以免在盒內晃動。基本上裝入的糕點儘量選擇上下顛倒也不要緊的種類。

如果只裝餅乾，普通郵寄也沒關係，如果是蛋糕或塔餅類，除冬季之外，最好採用冷藏郵寄方式比較保險。

包裝紙能填滿空隙，很方便。

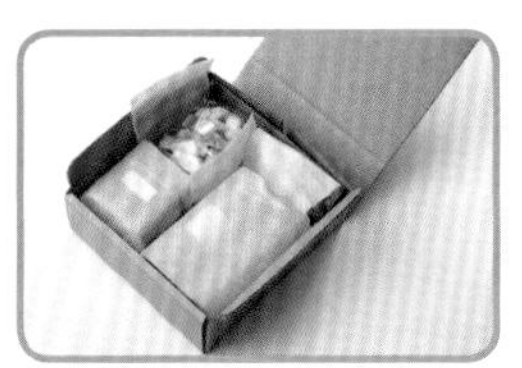

逐一用襯墊包起來就萬無一失。

附上告知最佳賞味期限的訊息卡

辛苦做好的糕點，當然希望對方趁美味新鮮時享用。因此除介紹糕點之外，在盒內也一併附上一張寫有「○月○日左右最美味」、「請冷藏保存」的卡片，告知最佳賞味期限或保存方法，如果以冷凍方式寄送，也要寫上解凍方法（參照56頁）。

贈送多個能冷凍的糕點時，附上一句「吃不完時請冷凍」，這樣對方就不會有壓力。

如此你的好意一定會傳達給對方。

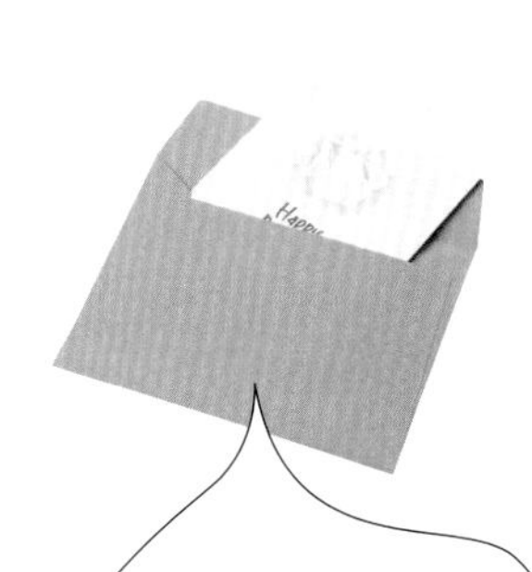

送達2～3天左右是最佳賞味期！請在冰箱冷藏。

Leçon 6

適合下酒的鹹味烤西點

推薦給愛吃鹹味食物的人，也可當前菜或早午餐！

在法國的糕餅店，除學習製作糕餅之外，也會教導如何製作麵包或輕食（點心）的技術，製作有漂亮裝飾的加拿薄餅或派餅，店頭也會陳列乳蛋餅或鹹味的派。不論是輕鬆的派對或早午餐，當作下酒菜，鹹味糕點都很受歡迎。學會製作就方便，能送給不愛吃甜食的人。所使用的素材沒有硬性規定，因此不妨憑料理感覺自由發揮看看。

把招牌的乳蛋餅做成與原本不同的印象

黑米與杏鮑菇的乳蛋餅

Quiche aux Riz

含有近來雜穀熱潮中備受矚目的黑米。把香Q的黑米飯鋪在油酥麵團上，放上果敢切成大塊、咬勁十足的杏鮑菇來烘焙。份量夠，在簡便的午餐也能品嚐。

黑米

混合白米就能煮成漂亮的紫色。這次放入黑米的比例較多，以強調香Q感。剩下的黑米混入普通米飯來煮也美味。

長方形塔餅模具
直徑9cm塔餅模具

長方形的模具容易切，能加多量餡料。喜歡外皮部份香味的人，用稍小的9cm塔餅模具來烘焙就很美味，適合當作禮物回送。

●●材 料●●

24×10cm、高3cm的底盤
能卸下的長方形塔餅模具1個份

黑米……1/5杯
米……4/5杯
水……適量
薄狀油酥麵團
　高筋麵粉……70g
　低筋麵粉……70g
　鹽……4g
　砂糖……15g
　無鹽奶油……70g
　冷水……60g左右
洋蔥……中1/2個
沙拉油……少量
杏鮑菇……中3～4個
培根……2片
全蛋……2個
鮮奶油……200g
牛乳……80g
鹽、胡椒……各適量
能融化的乳酪……適量

●●作 法●●

1. 製作油酥麵團。把高筋麵粉、低筋麵粉、鹽、砂糖篩入稍大的容器，加入切成1cm塊狀的冰冷無鹽奶油。
2. 用切板切拌無鹽奶油，在容器底部混合變成細鬆散狀。
3. 淋入冷水，不搓揉弄成一團。稍微留下粉味、奶油的顆粒正好。如果粉味太重不易弄成一坨，就加微量的水。
4. 裝入塑膠袋壓平，在冰箱冷藏1小時以上使其鬆弛。
5. 邊撒上麵粉（份量外）邊用擀麵棍擀薄，鋪入模具，比模具的高度高出2～3mm切掉邊緣，覆蓋保鮮膜在冰箱冷藏1小時以上使其鬆弛。
6. 用叉子在整個底部戳洞。把烤紙剪成比模具大一圈的長方形，剪開四邊，緊貼鋪在麵皮上，把派石的重量壓到邊緣。
7. 放入已預熱200℃的烤箱烘焙20分鐘（**照片1**）。連紙一起拿掉派石，再烤5～10分鐘，使全體變成金黃色。在模具中冷卻。
8. 洋蔥切薄，用少許沙拉油炒軟。杏鮑菇縱切一半再切成4塊，培根切成4cm寬，一起迅速翻炒。
9. 在**7**攤平煮好的米90g（**照片2**），放上**8**。
10. 全蛋用打蛋器打散，加鮮奶油、牛乳、鹽、胡椒攪拌混合。倒到**9**的邊緣（**照片3**），撒上乳酪（**照片4**）。放入已預熱190℃的烤箱烘焙30～40分鐘，烘烤到表面出現烤色。

●●前置作業●●

混合黑米與白米洗淨，加入和煮白飯一樣的水量來煮。

3 為免在移動中灑出來，儘量在烤箱附近倒入麵糊。

1 放上派石來烘焙，底部就不會浮起，拿掉派石再烤，使底部出現烤色。

4 莫扎雷拉乳酪或格魯耶爾、藍乳酪或燻乳酪都很美味。

2 儘量攤平在上面。放太多就會放不下其他餡料。

三角型薄派

●●材 料●● 6個份

薄派皮……4片
橄欖油……適量
里肌火腿……3片
乳酪片……1.5片
披薩醬（市售品）……適量
新鮮羅勒葉……6片
鹽、粗粒黑胡椒……各適量

●●作 法●●

1 重疊2片薄派皮，用剪刀縱向剪成3等分，用毛刷把橄欖油塗在全體。
2 里肌火腿切十字形，分成4等分。乳酪斜切十字形，變成三角形。
3 在**1**的角依序重疊放上2片里肌火腿，乳酪、少量披薩醬、撕碎的羅勒葉（**照片1**），摺疊成三角形（**照片2**）。
4 在表面塗橄欖油，撒鹽、粗粒黑胡椒（**照片3**）。
5 放入已預熱200℃的烤箱烘焙約10分鐘。

1 餡料配合三角形放上。

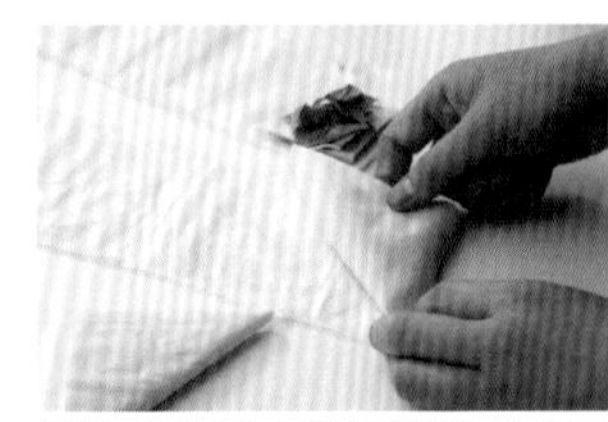

2 摺疊時薄派皮與橄欖油形成層次就能烤得酥脆。

3 多撒一點鹽與胡椒，味道就更適合當下酒菜。

薄派餡餅

●●材 料●●

5cm的一口小西點模具約16個份

薄派皮……1片
橄欖油……適量
馬鈴薯……中1個
鮪魚（罐頭）……適量
美乃滋（或披薩醬）……適量
鹽、粗粒黑胡椒……各適量
能融化的乳酪……適量
蒔蘿等芳香藥草……適量

●●作 法●●

1 用剪刀把薄派皮剪成7cm四方的正方形。用毛刷逐次少量的塗抹橄欖油，重疊2片緊緊鋪入模具（**照片1、2**）。
2 馬鈴薯連皮煮，中心煮軟後剝皮，切成丁狀。鮪魚充分瀝乾水份與油份。
3 把馬鈴薯、鮪魚放在**1**上，以美乃滋、鹽、粗粒黑胡椒做為頂飾。撒上乳酪（**照片3**），放入已預熱200℃的烤箱烘焙約10分鐘至出現烤色，以芳香藥草來裝飾。

1 容易乾燥，因此重疊後馬上鋪入模具。

2 輕輕按壓的程度即可。放入餡料就會穩定。

3

混合藍乳酪、莫扎雷拉乳酪來使用就變成適合成人的口味。用鯷魚或橄欖來代替鮪魚也美味。

精挑細選的素材

薄派皮

用水搓揉麵粉，擀成像紙一樣薄的麵皮。市面有出售冷凍的進口品。解凍後逐片小心取下，做糕點時塗上融化的奶油，製作鹹味的糕點時，重疊塗上橄欖油或沙拉油。乾燥後會脆裂，因此不使用時馬上收好，或者迅速弄好形狀。

這種風貌正是「西式春捲」

用像紙一樣薄的薄派皮捲起餡料來烘焙。不吸油，酥脆芳香的「烤春捲」，非常健康，一不留意就會吃太多！使用小型塔餅模具做成一口大小也很棒。

不論是甜食族或鹹食族都一定會愛上

鹹味薄脆小甜餅

Palmier Salé

難易度 A B C

裝入竹籃做成野餐午餐式

在鋪紙的竹籃連同三角形薄派一起混裝。配上半瓶葡萄酒，做為午餐時間的餐點來品嚐。

●●材 料●●各10～12片份

冷凍派皮……100g×2片
餡料
　美乃滋……適量
　鹽、胡椒……各適量
　綠海苔……適量
　乳酪粉……適量
　咖哩粉……適量
　小茴香籽……適量
水……適量
杏仁粒……適量
鹽……適量

●●作 法●●

1 冷凍派皮在冰箱的冷藏庫解凍。輕輕撒上麵粉（份量外），用擀麵棍擀成12×20cm的長方形。
2 薄薄抹上美乃滋，鹽、胡椒撒稍多。1片全體撒滿綠海苔、乳酪粉（**照片1**）。另1片撒咖哩粉與小茴香。
3 從兩側摺入20cm的邊，在中央形成1cm左右的空隙（**照片2**）。在摺入的一側用毛刷抹上少量的水，再對摺。用擀麵棍壓緊黏合（**照片3**）。在兩面用毛刷輕輕抹上水，確實撒上杏仁粒。
4 用保鮮膜包起，在冰箱冷藏1小時以上使其鬆弛。
5 兩面撒鹽，使確實沾附於派皮，用銳利的刀切成1cm寬。烘焙時會膨脹，因此把斷面朝上取適當間隔排在烤盤上（**照片4**）。
6 放入已預熱200℃的烤箱烘焙15～20分鐘，烘烤到出現美味的烤色。

1 弄稍薄，以免美乃滋溢出。

2 烘焙後會膨脹，因此留下空隙鬆鬆摺起，就能烤成漂亮的形狀。

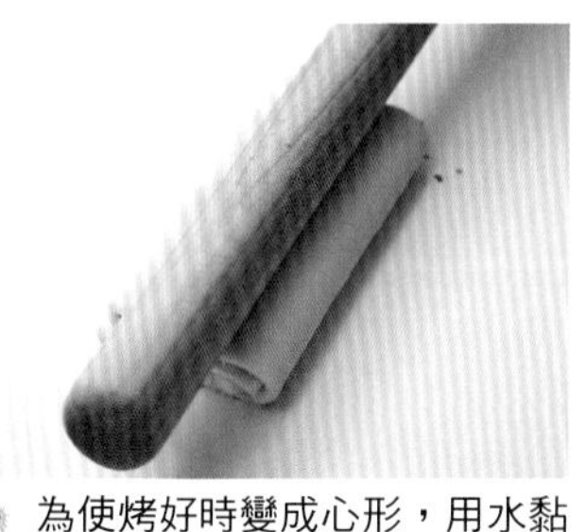

3 為使烤好時變成心形，用水黏合、壓緊為要點。

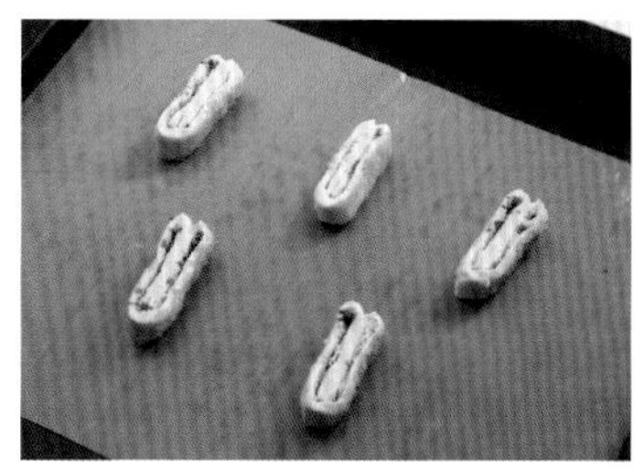

4 如果刀不銳利，派層就會破裂，可能不易膨脹，因此請注意。

Leçon 7

待客用的半生蛋糕與派

品嚐烘焙好的蛋糕體與半生餡料、霜飾間的巧妙調和

徹底烘烤好的蛋糕，組合耐久放的半生餡料或霜飾，兼具生鮮餡料的美麗或入口即化的軟綿性，以及美味素烤蛋糕口感的半生蛋糕。濃厚氣氛的裝飾，具有在待客的席上也能讓挑嘴的大人感到非常滿足的實力。可在客人來到前先完成，更令人開心的優點是也可當作伴手禮。潘趣酒充分滲透，稍微放置些許時間讓味道滲入其中，以提高美味是重點所在。

難易度

A

B

C

蛋糕、奶油、蘭姆葡萄乾的美麗切面！

葡萄乾瑞士捲

Raisin Suisse

濕潤的蛋糕麵糊與輕盈的可可麵糊做成2層來烘焙，在切開的山形內夾入奶油與蘭姆葡萄乾。切開時不要弄碎，小心切來呈現漂亮的V字型。潘趣酒滲透其中最美味。

＊葡萄乾瑞士捲＊

●●材 料●●

長18cm、寬8cm的導水管形模具1個份

模具用
- 無鹽奶油……適量
- 杏仁片……適量

杏仁蛋糕
- 杏仁粉……100g
- 糖粉……50g
- 蛋黃……2個份
- 牛乳……50g
- 低筋麵粉……40g
- 發粉……2g
- 無鹽奶油……25g

巧克力蛋白霜
- 蛋白……45g
- 砂糖……22g
- 可可……5g
- 杏仁粒……20g

奶油餡（半生餡）
- 義大利蛋白霜（用下述的份量製作，從中取20g使用）
  - 蛋白……30g
  - 砂糖……60g
  - 水……20g
  - 無鹽奶油……40g

潘趣酒（事前混合）
- 蘭姆酒……15g
- 水……15g

蘭姆葡萄乾（市售品，切粗）……40g

●●前 置 作 業●●

參照40頁，用手指把美乃滋狀的無鹽奶油塗在模具上，全體貼滿杏仁片。在冰箱冷藏凝固。

●●作 法●●

1 製作杏仁蛋糕。用手動攪拌器把杏仁粉、糖粉、蛋黃、牛乳攪拌混合到發白（**照片1**）。混合低筋麵粉、發粉過篩加入，用橡皮刮刀攪拌混合。粉味消失後，加入在微波爐融化的無鹽奶油混合。

2 製作巧克力蛋白霜。用手動攪拌器把蛋白打至起泡，出現攪拌痕跡後分2次加入砂糖，做成硬的蛋白霜。撒入可可，加杏仁粒。用橡皮刮刀仔細攪拌混合，粉味消失後就停止混合。

3 沿著模具的曲面用橡皮刮刀把巧克力蛋白霜抹入（**照片2**）。再把杏仁蛋糕倒入裡面，中央稍微弄凹（**照片3**）。

4 放入已預熱170℃的烤箱烘焙約40分鐘，出爐後從模具取出、冷卻。

5 製作奶油餡用的義大利蛋白霜。用手動攪拌器把蛋白打發稍硬。把砂糖與水放入小鍋來煮，煮到117℃左右變濃。把糖漿逐次少量加入蛋白中打至起泡，做成硬的蛋白霜。冷卻後把其中的20g移到容器（**照片4**），把乳脂狀的無鹽奶油分2～3次加入（**照片5**），加入時手動攪拌器混合成柔軟狀（**照片6**）。

6 把冷卻的**4**從平的面切成V字型（**照片7**），分成上下。把下側裝入鋪保鮮膜的模具。用毛刷把潘趣酒塗滿切面使其滲入（**照片8**）。

7 用奶油抹刀把半量奶油餡塗在切面。撒切碎的蘭姆葡萄乾按壓（**照片9**），從上方塗剩下的奶油餡。

8 上側也用毛刷把潘趣酒塗在切面使其滲入，然後蓋在**7**上（**照片10**）。用力按壓使其融合在一起。

9 用保鮮膜緊緊包起，在冰箱冷藏使其充分融合。完成後2～3天最美味。也能以這種狀態冷凍。

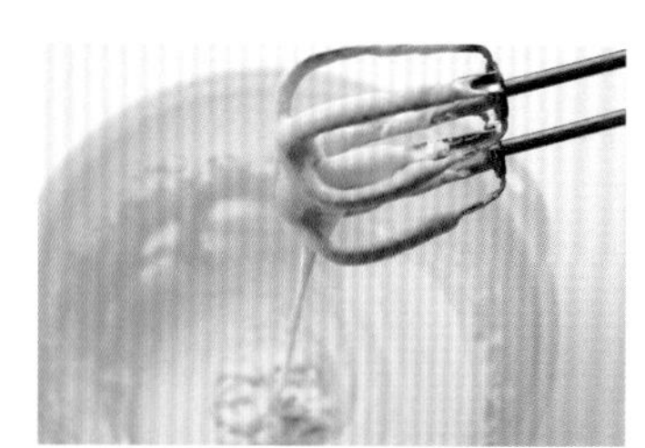

1 確實打發起泡到含空氣，變得蓬鬆、發白。

2 抹成均等的厚度。過度塗抹泡沫會消失，請注意。

3 烘焙後中央會膨脹隆起，因此稍微弄凹一些。

以模具變成現代風格

導水管形模具

導水管形模具有各種不同寬或高的尺寸，可配合蛋糕分別使用。在此是使用稍粗的類型（後方），在表面裹上或塗裝的尼那斯（86頁）、雷歐尼·達科塔（89頁）考慮均衡，使用小一圈的細模具。

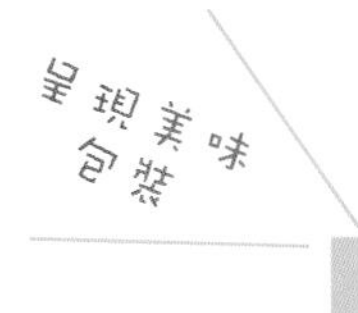

呈現美味包裝

Wrapping

為呈現切面的片裝與繫上緞帶的段裝

如果少量送人，或與其他糕點混裝，就每片個別裝好再裝入OPP袋。如果正式當禮物送人，就把邊端切齊，用保鮮膜與OPP紙雙重包裝，繫上緞帶，並附上一句「請冷藏保存」。

4 製作義大利蛋白霜，準備最少份量，從中取20g使用。

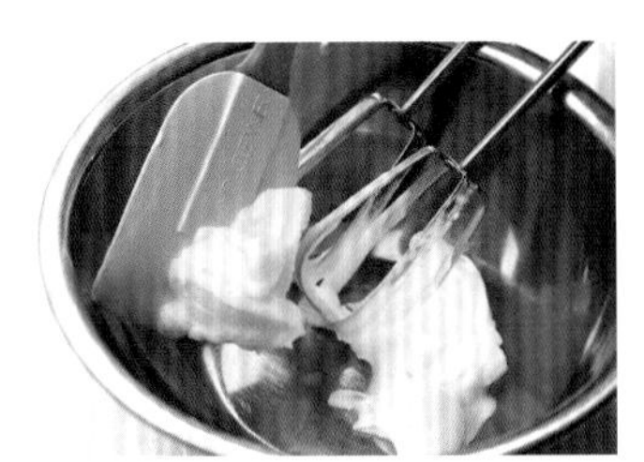

5 確認蛋白霜已確實冷卻，以免奶油融化。

6 柔軟發白輕盈的奶油餡。比較能耐久放，因此常用在半生蛋糕。

7 容易破碎，因此用一手壓住小心切。切適當的深度。

8 重新放入模具來夾餡料就比較容易作業。充分吸收潘趣酒是美味的秘訣。

9 均勻緊緊裝滿葡萄乾。

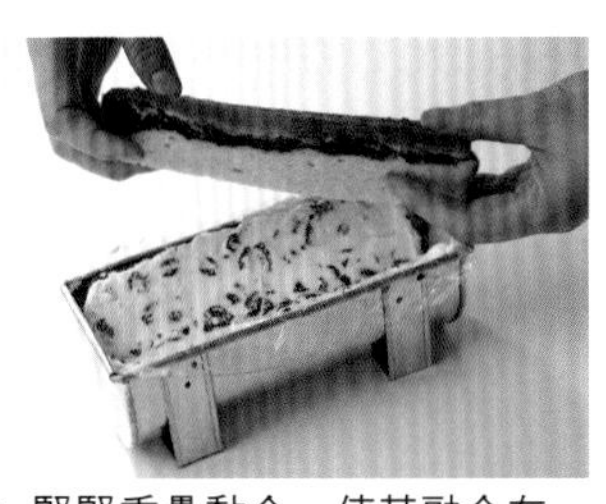

10 緊緊重疊黏合，使其融合在一起。

芳香的糖霜杏仁粒
與咖啡香味的成人氣氛

尼那斯

Ninas

在風味濃郁的法國海綿蛋糕中，包夾入口即化的咖啡奶油餡。含充足水份的奶油餡，讓人完全感覺不到奶油的油膩。把杏仁炒成焦糖化的糖霜杏仁粒，更突顯出咖啡風味。

難易度 A B C

●●材 料●●

長18cm、寬7cm的導水管形模具1個份

法國海綿蛋糕
- 全蛋……80g
- 砂糖……65g
- 低筋麵粉……40g
- 杏仁粉……10g
- 榛果粉……10g
- 無鹽奶油……15g

潘趣酒（事前混合）
- 水……20g
- 蘭姆酒……15g

咖啡奶油餡（半生餡）
- 牛乳……55g
- 砂糖……40g
- 蛋黃……1/2個份
- 無鹽奶油……80g
- 蘭姆酒……5g
- 即溶咖啡（粉末狀）……3g

糖霜杏仁粒
- 砂糖……30g
- 水……少量
- 杏仁粒……30g

最後裝飾用
- 裝飾糖……適量
- 榛果……適量
- 巧克力裝飾……適量

●●作 法●●

1 烘焙法國海綿蛋糕。全蛋加砂糖，用打蛋器攪拌混合，以隔水加熱至40℃。
2 從隔水加熱中取出，用手動攪拌器確實打發起泡到發白，舀起時會以乳脂狀瞬間落入攪拌器中的軟硬度。
3 混合低筋麵粉、杏仁粉、榛果粉過篩加入，用橡皮刮刀攪拌混合到柔軟發出光澤。
4 在微波爐加熱無鹽奶油融化，攪拌混合。
5 倒入已鋪紙的模具，放入已預熱180℃的烤箱烘焙25分鐘。出爐後用小刀切入兩端從模具取出，冷卻。
6 冷卻後輕輕拿掉紙（88頁、**照片1**），橫切成3片（**照片2**）。用毛刷把潘趣酒塗在所有切面上使其滲入。
7 製作咖啡奶油餡。把牛乳、砂糖30g放入單柄鍋，開火煮。用橡皮刮刀混合使砂糖溶化，煮沸就熄火。同時進行，用打蛋器把打散的蛋黃與砂糖10g混合打發起泡。倒入煮沸的牛乳混合調勻，用橡皮刮刀舀入鍋。邊攪拌混合邊轉成小火，變得稍稠就離火。倒入容器，把底部泡在冰水中冷卻（**照片3**）。
8 把恢復室溫的無鹽奶油用打蛋器混合，逐次少量加入**7**，攪拌成柔軟的半生餡（**照片4**）。加入用蘭姆酒調勻的即溶咖啡（**照片5**）。
9 製作糖霜杏仁粒。把砂糖和少量水入鍋，開火煮到118℃就熄火，加入杏仁粒，混合到變白成鬆散的結晶（**照片6**）。再開中火混合拌炒到發出香味，鋪在烤紙上冷卻（**照片7**、**8**）。
10 在**6**的下層法國海綿蛋糕塗1/4量的半生餡，放上中層的法國海綿蛋糕重疊。同樣塗1/4量的半生餡（**照片9**），放上上層的法國海綿蛋糕重疊。半生餡留下10g左右做為裝飾用，其餘均一塗滿全體（**照片10**、**11**）。
11 把糖霜杏仁粒撒在整個表面（**照片12**）。兩端不必撒。側面拿起傾斜用手壓上。
12 切成想要的寬度，用濾茶器或撒罐在全體撒上裝飾糖。把預留的半生餡擠出少量，以榛果、巧克力等來裝飾。放入容器冷藏保存，以免乾燥，完成後隔天最美味。

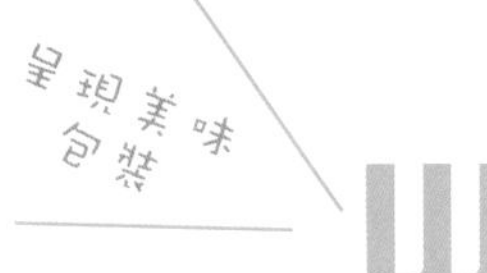

Wrapping

像新鮮蛋糕般放在鋁箔紙上

這是切開送人時避免切面乾燥的作法。把蛋糕透明軟片或OPP紙貼在兩面，放在鋁箔紙上，像新鮮蛋糕一樣裝盒。附上一句請冷藏保存，品嚐前稍微恢復常溫。

＊尼那斯＊

1 還有熱氣時不易撕掉，因此等到完全冷卻再撕除烤紙。

2 使用有波浪刀刃的刀具來切片，就容易切成相同的厚度。

3 火太強或過度加熱會結塊，請注意。用小火慢慢煮。

4 確實冷卻後再加入，以免奶油融化。

5 如果不喜歡酒味，可用少量的水溶化即溶咖啡加入來代替。

6 一定要先熄火，確實攪拌成鬆散狀後，再裹上糖霜。

7 使砂糖確實焦糖化，發出香味為要點。

8 容易沾黏，因此攤平來冷卻。大的結塊等冷卻後再弄開。

9 半生餡的厚度要均一，中央才不會鼓起。

10 如果半生餡太薄，糖霜杏仁粒就不易沾上，因此全體塗稍厚些。

11 為使厚度均一，在貼上糖霜杏仁粒之前，先把形狀弄整齊漂亮。

12 橫面不易沾牢，因此以手用力壓上。

富含巧克力、風味溫和的軟綿蛋糕，與柔和霜飾的組合。要點在於充分浸泡含蘋果白蘭地的潘趣酒。確實活用酒的風味，就能使全體緊縮。放置1～2天，酒精成分適度散發後會變得更美味。

使用有光澤的堅果糖霜
塗裝優質的巧克力蛋糕

雷歐尼・達科塔

Leone d'Agota

●●作 法●●

1 製作莎夏軟綿蛋糕。一開始就把砂糖25g加入蛋白，用手動攪拌器確實打發起泡來製作蛋白霜。
2 在另外的容器用攪拌器把無鹽奶油攪拌成乳脂狀，趁熱加入砂糖20g與以隔水加熱溶化的巧克力。也加蛋黃攪拌混合。
3 在**2**加入半量的蛋白霜，用攪拌器大致混合，把低筋麵粉、發粉一起過篩加入。用橡皮刮刀攪拌混合到粉味消失變軟，再加入剩下的蛋白霜均勻混合。
4 倒入準備好的模具，中央弄凹些。
5 放入已預熱180℃的烤箱烘焙30分鐘。出爐後從模具取出，冷卻（**照片1**）。橫切成3片（**照片2**），除底面以外用毛刷塗上潘趣酒使其滲入（**照片3**）。
6 製作夾心用霜飾。混合甜巧克力、牛奶巧克力、鮮奶油，在微波爐加熱，鮮奶油煮沸就馬上取出，用攪拌器靜靜混合成柔軟的霜飾。連同容器一起放入冰箱冷卻變濃，形成容易塗裝的軟硬度。
7 在**5**的下層塗**6**的1/3量（**照片4**），放上中層輕輕按壓。再塗1/3量，放上下層輕輕按壓。
8 把剩下的夾心用霜飾用奶油抹刀薄薄均勻塗抹周圍（**照片5**）。撒上杏仁堅果糖顆粒，輕輕按壓（**照片6**）。移到蛋糕冷卻架上。
9 製作塗裝用霜飾。混合甜巧克力與鮮奶油在微波爐加熱，鮮奶油煮沸就馬上取出，用攪拌器靜靜混合，變成柔軟的霜飾。依序混合杏仁堅果泥、蘋果白蘭地，稍微冷卻使其變濃。
10 把**9**一口氣倒在全體，塗裝（**照片7**）。塗滿後冷卻，使霜飾凝固，再切成3cm寬。依個人喜好裝飾堅果。放入容器冷藏保存，以免乾燥，完成後隔天或2～3天後最美味。

●●材 料●●

長18cm、寬7cm的導水管形模具1個份

莎夏軟綿蛋糕
- 砂糖（蛋白霜用）……25g
- 蛋白……50g
- 無鹽奶油……30g
- 砂糖（糖油拌合用）……20g
- 甜巧克力（可可成分65%）……45g
- 蛋黃……2個份
- 低筋麵粉……30g
- 發粉……1g

潘趣酒（事前混合）
- 蘋果白蘭地……25g
- 水……20g

夾心用霜飾
- 甜巧克力（可可成分55%）……40g
- 牛奶巧克力（可可成分38%）……20g
- 鮮奶油……50g

杏仁堅果糖顆粒（市售品、沒有也不要緊）……適量

塗裝用霜飾
- 甜巧克力（可可成分55%）……35g
- 鮮奶油……35g
- 杏仁堅果糖泥（市售品）……10g
- 蘋果白蘭地……5g

榛果（切半）、開心果（切碎）……各適量

●●前置作業●●

參照40頁，用毛刷把融化的無鹽奶油均勻塗在模具的內側，先放入冰箱冷藏使奶油冷卻凝固。撒高筋麵粉或低筋麵粉，充分抖掉多餘的麵粉，放入冰箱冷藏。

精挑細選的素材

杏仁堅果糖泥
蘋果白蘭地

用芳香焦糖風味的杏仁做成泥狀的杏仁堅果糖泥（右），常用在巧克力蛋糕或小顆巧克力糖。油份多，容易氧化，因此趁早用完。蘋果白蘭地的香味高雅，強烈的自我主張不輸給巧克力。

1 從模具取出後，再蓋上模具，就不會乾燥。注意要使熱度完全散失後再蓋上，以避免濕爛。

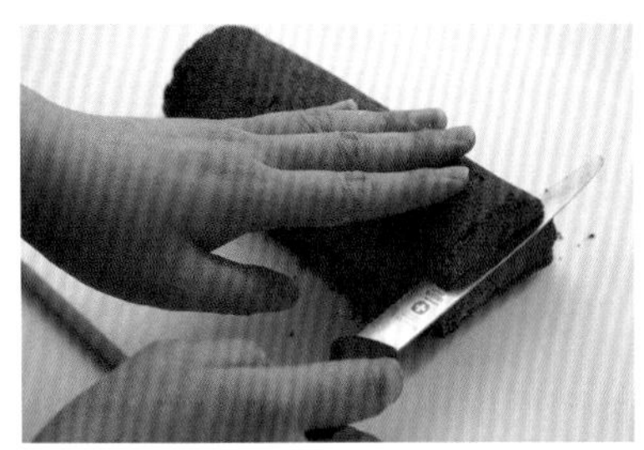

2 確實冷卻後，用波浪刀刃的小刀切成均一的厚度。

3 充份滲入潘趣酒，使霜飾與主體一體化。

4 如果太稀軟就會流散或溢出，因此注意調整軟硬度。如果太硬就稍微加熱。

5 因為是塗裝的底料，故塗薄也沒關係。填補蛋糕體的氣泡，在此階段確實整理成漂亮的形狀。

6 均等撒上。撒上86頁的尼那斯使用的糖霜杏仁粒也美味。

7 一口氣淋上。連蛋糕冷卻架一起輕敲，如此震動霜飾就會自然向下流入。用奶油抹刀輕輕弄平下部來修飾。

Wrapping

以金銀顆粒做成
成人口味的聖誕蛋糕

塗裝後把兩端稍微切掉來呈現斷面，放上金銀顆粒與聖誕裝飾，簡單修飾。裝入蛋糕捲盒，就完成適合成人口味的木柴聖誕蛋糕。

品嚐二種麵體不同的口感與濃厚餡料的調和。二種麵體必須充分烘焙，才能感受到濃郁的美味。剛夾上餡料時有鬆散的印象，但放置1天就融合而一體化。

用奶油派皮與
烤蛋白霜夾栗子奶油

迪爾菲尼

Derfinis

●●作 法●●

1 參照28頁，製作派皮。邊撒上麵粉（份量外）邊用擀麵棍擀成2～3mm，用7.5cm的菊花模具壓出4片。用叉子在全體戳洞。
2 放入已預熱180℃的烤箱烘焙10～12分鐘，烘烤到全體出現烤色（**照片1**）。
3 製作榛果蛋白霜。用手動攪拌器把蛋白打發起泡，出現攪拌痕跡就加入砂糖再打至起泡，做成硬的蛋白霜。混合榛果粉、杏仁粉、糖粉過篩加入，用橡皮刮刀從下方舀起仔細混合。
4 粉味消失後，裝入套有8mm圓形金屬花嘴的擠花袋，在烤紙上擠出直徑7.5cm的花形。用濾茶器撒滿糖粉，放入仍保持180℃的烤箱烘焙13分鐘。充分冷卻後，就從烤紙取下（**照片2**）。
5 製作奶油餡。把牛乳與半量砂糖煮沸。在此期間把蛋黃、剩下的砂糖混合，加入麵粉。在此加入煮沸的牛乳一半混合，剩下的牛乳恢復原狀。開強火，用耐熱橡皮刮刀邊攪拌混合邊煮，不要煮焦。變成乳脂狀後，再繼續煮成稍硬，就倒入容器，表面覆蓋保鮮膜，連容器一起泡在冰水中冷卻。加香草精混合。
6 製作栗子的奶油糖霜。從**5**取出70g放入另外的容器，依序加入變成乳脂狀的無鹽奶油、栗子泥、蘭姆酒，攪拌混合成柔軟狀。
7 用玫瑰形金屬花嘴在**2**的派皮上把奶油糖霜擠2周成裙襬狀（**照片3**）。先放入冰箱冷卻使其凝固。
8 用湯匙各舀起10g左右的奶油餡放在中央（**照片4**）。撒上裝飾糖，放上榛果蛋白霜，用栗子澀皮煮、巧克力、金箔來裝飾。放入容器冷藏保存，以免乾燥，完成後1～2天最美味。

1 太厚會使口感太強，因此儘量擀薄為其要點。

2 可直接作為裝飾，因此擠出漂亮型狀。

3 橫向躺平來擠出，就不會從底料溢出。為顯示有份量可重疊二層的高度。

4 不要壓壞擠出的花樣。輕輕放置奶油餡於中央。

●●材 料●●

直徑7.5cm 4個份

派皮
- 無鹽奶油……35g
- 糖粉……25g
- 蛋黃……1個份
- 香草油……2～3滴
- 低筋麵粉……60g

榛果蛋白霜
- 蛋白……25g
- 砂糖……15g
- 榛果粉……18g
- 杏仁粉……18g
- 糖粉……30g
- 糖粉（撒上用）……適量

奶油餡
- 牛乳……125g
- 砂糖……30g
- 蛋黃……1個份
- 低筋麵粉……8g
- 香草精……2～3滴

栗子奶油餡（半生餡）
- 奶油餡……從上述取出70g
- 無鹽奶油……70g
- 栗子泥……70g
- 蘭姆酒……8g

最後裝飾用
- 裝飾糖……適量
- 栗子澀皮煮……6個左右
- 巧克力裝飾……適量
- 金箔……適量

希望包裝得更漂亮！
包裝材料的小知識

緞帶・金屬帶

有各種款式、粗細。如果是素烤的糕點，就用能突顯烤色的簡單樣式。希望包裝得稍微華麗時，可使用雙色較細的緞帶，或稍粗的緞帶。當做簡單的伴手禮時，用金屬帶綁緊即可。

襯墊

把糕點裝入盒內如果出現空隙，就可放上紙襯墊。有各種花色。在寄送時，把小型空氣泡泡紙鋪在盒底，從糕點包裝上面雙重包起就可放心。

餅乾用透明盒

容易破碎的餅乾，建議用透明盒來裝。如果是送給能馬上品嚐的對象，用OPP袋就足夠，但如果以宅配方式寄送，因較花時間，就裝在能密閉的透明盒，連同乾燥劑一起裝入。用透明膠帶確實封緊。

禮物盒

以宅配方式寄送到遠方時，或做為正式禮品送人時，最好裝盒。有自行摺疊組裝的類型，也有堅固的成品類型，款式多樣，儘量選擇適合糕點份量大小的款式。

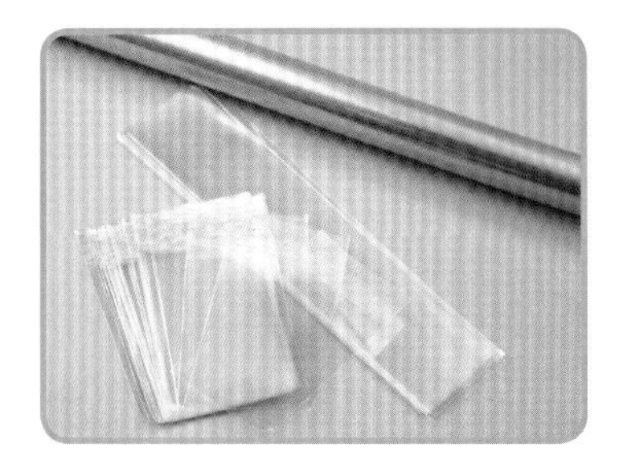

OPP 紙・袋

在糕點店最常用來包裝烤糕點的就是OPP紙。透明有光澤，能使內容物顯得更美麗，且防止受潮，也耐油耐熱。在街上的包裝材料行或39圓商店都能買到。OPP紙能裁成想要的大小，任何形狀的糕點都能漂亮包裝。OPP袋的尺寸也豐富，可繫上緞帶，或用貼紙固定。有些則附上黏著膠帶，非常方便。

後記

你最近有沒有打開過混裝各式糕點的餅乾盒蓋呢？就是飯店或高級糕點店出售的那種稍具「特別感」的盒裝餅乾。

在我孩提時期，祖母每次從東京來訪，一定會買這種盒裝餅乾帶來。當懷著興奮的心情打開閃閃發亮、有古典色調的餅乾盒時，映入眼簾的是漂亮排列的各式糕點，瀰漫著一股似乎在説「來吧，從哪種吃起都可以～」的美味香氣。讓人眼花撩亂，不知從何吃起，有時也會和哥哥互搶，真可説是一大事件。

把本書看到最後的各位小型糕點師傅，只要能成功製作完成就當作禮物送人，讓他人也能品嚐到自己美味水準的糕點！

遺憾的是長大成人後，這種讓人興奮的機會逐漸減少，沒想到轉眼間已經變成自己製作混裝糕點的人！

糕點屋推出的混裝餅乾，在秋冬季特別暢銷。花2、3天烤好後，挑選溼度低的日子進行裝盒作業。

這天會停止一切工作，全體員工嚴陣以待，小心翼翼的填裝餅乾，用膠帶封緊。最後是擦盒包裝，在店頭上架。宛如珠寶箱般，光是想像會是什麼人打開，就是一件快樂的差事。

手工的糕點不論是製作送人，或自己收到品嚐，都是真正喜悦的事。連如此長久從事製作糕點工作的我，一聽到別人稱讚説「好好吃！」時，也會單純的欣喜不已，產生想再做的衝動。

或許這就是製作糕點的原動力。希望與人分享孩童般興奮心情的幸福感。今後我將抱持這種心情繼續努力不懈。

TITLE

我在家做的專業甜點

STAFF

出版　瑞昇文化事業股份有限公司
作者　熊谷裕子
譯者　楊鴻儒

總編輯　郭湘齡
文字編輯　王瓊苹、闕韻哲
美術編輯　李宜靜
排版　二次方數位設計
製版　興旺彩色製版股份有限公司
印刷　桂林彩色印刷股份有限公司

戶名　瑞昇文化事業股份有限公司
劃撥帳號　19598343
地址　台北縣中和市景平路464巷2弄1-4號
電話　(02)2945-3191
傳真　(02)2945-3190
網址　www.rising-books.com.tw
Mail　resing@ms34.hinet.net

初版日期　2010年7月
定價　300元

國家圖書館出版品預行編目資料

我在家做的專業甜點／
熊谷裕子作；楊鴻儒譯.
-- 初版. -- 台北縣中和市：瑞昇文化，2010.07
96面；20×25.7公分

ISBN 978-957-526-989-0 (平裝)

1.點心食譜

427.16　99011606